数码照片趣味制作

DIGITAL PHOTO DIY

韩瑞波　王林娜/编著

中国画报出版社

图书在版编目(CIP)数据

数码照片趣味制作/韩瑞波著. —北京:中国画报出版社,2006.1
ISBN 7-80024-997-2
Ⅰ.数... Ⅱ.韩... Ⅲ.图像处理—基本知识
Ⅳ.TP391.41
中国版本图书馆CIP数据核字(2005)第154446号

数码照片趣味制作

编　　著:	韩瑞波 王林娜
责任编辑:	瞿昌林
出版发行:	中国画报出版社
社　　址:	北京市海淀区车公庄西路33号 (100044)
电　　话:	010-68469781(发行部) 010-88417359(总编室)
经　　销:	全国新华书店
印　　刷:	北京国邦印刷有限责任公司
监　　印:	敖晔
开　　本:	889毫米×1194毫米 1/32
印　　张:	5.25
印　　数:	6001-9100册
字　　数:	50千字
版　　次:	2006年7月第1版第2次印刷
标准书号:	ISBN 7-80024-997-2
定　　价:	19.80元

前言 FOREWORD

　　Mp3、数码相机以及数码摄像机等的迅速普及，标志着我们的生活已经迈入了数码时代，然而，与数码产品的高速发展相对的，却是数码产品使用者们在数码知识方面的匮乏。本书就是为了适应当代数码新生活，致力于普及和提高人们的数码知识和使用技巧而编写的一本书。

　　本书针对最常用的数码产品——数码相机，对它的必备知识、数码照片的处理技巧尤其是数码照片的趣味制作技巧做了精当的阐释。本书主要有以下几大特色：

⭐ 循序渐进

　　采用由简入繁的编排方式，过渡自然，使读者在潜移默化中掌握知识。

⭐ 目标明确

　　每部分内容前都有相当于"学习目标"的一段文字，用简洁明了的叙述导入主题，真正做到有备而来。

⭐ 学以致用

　　配有详细典型的范例，易学实用。有的章节后面还配有"友情提示"，以启发读者发挥创造力。

⭐ 推陈出新

　　摒弃过时的知识内容，展示最新的知识信息，紧跟数码时代的发展步伐。

编　者

内容提要
SUMMARY OF CONTENT

随着数码时代的推进,数码相机已成为我们生活中最常用的数码产品之一,这件数码产品看似操作简单,其实有很多使用技术还不为大多数使用者所知。对一些数码相机使用者的调查表明,大多数使用者只是停留在阅读产品说明书、进行简单的机械操作的层面上,尤其是初次接触数码相机的青少年朋友和初学者们。

本书是专为数码摄影的初学者及爱好者编写的一本普及书。编者对本书内容进行了精心的设计,用通俗易懂的语言详细地介绍了数码相机的入门、基础操作知识以及最新最实用的数码照片处理技巧。当然,最为精彩的是关于数码照片的趣味制作技巧,这是专为数码相机使用者奉献的。

全书共分为10部分,第1~3部分是关于数码相机使用及照片管理的必备知识,有些知识看似简单,但其中大有学问,所以建议读者朋友们不要一味追求技巧而忽略了基本功;第4部分则是带领大家认识数码照片处理的"独门武器"——Photoshop的真面目;接下来的第5~8部分用详尽的文字配以切合内容的精美图片,对数码照片的后期处理做了精彩介绍,融入了最流行最时尚的数码照片处理技巧,带你走进五彩缤纷的梦幻世界。同时,本部分也是实战性和实用性最强的部分,可以说,前面几部分的基础内容都是为这一部分的学习服务的;第9、10部分简要介绍了数码照片的冲印和制作电子相册的技巧,这也是最后一道工序。

读者朋友们需要按照说明配备相关软件,以便进行练习操作和实际应用。准备好了吗?马上带你体验数码照片趣味制作的超快感……

目录 CONTENTS

Part 1 数码相机之旅

第一节 认识数码相机..................2
第二节 必须知道的数码相机知识..................3
第三节 数码照片的导出..................7

Part 2 迈入数码相机之门

第一节 如何拍摄第一张数码照片..................13
第二节 拍摄时应注意的问题..................14
第三节 如何取景构图..................17
第四节 拍摄技巧..................18

Part 3 数码照片的管理

第一节 用"My Pictures"文件夹管理照片...24
第二节 用ACDSee管理照片..................26
第三节 照片大小的修改、翻转及重命名..................29
第四节 照片格式的转换..................32

目录
CONTENTS

Part 4 Photoshop基础

第一节 Photoshop概述 36
第二节 认识Photoshop的工具箱 38
第三节 建立新文件 42
第四节 保存文件 43
第五节 滤镜 44

Part 5 数码照片趣味制作——入门篇

第一节 快速消除"红眼病" 46
第二节 缤纷你的衣装 48
第三节 冰雪肌肤，轻松拥有 50
第四节 打造自己的大头贴 52
第五节 神奇"克隆"术 55
第六节 轻松游遍全世界 58

目录 CONTENTS

Part 6
数码照片趣味制作——提高篇

- 第一节 烘云托月显精神..................65
- 第二节 赏心悦目换颜色..................67
- 第三节 制造梦幻的朦胧美..............69
- 第四节 藏在玻璃后的美眉..............71
- 第五节 个性相框自己做..................74
- 第六节 自己"发行邮票"..................77
- 第七节 给照片"人工降雪"..............79
- 第八节 照片的烧焦效果..................82
- 第九节 纸张褶皱效果......................87

Part 7
数码照片趣味制作——化妆篇

- 第一节 彩色隐形眼镜①..................95
- 第二节 彩色隐形眼镜②..................98
- 第三节 修出翘密的睫毛................100
- 第四节 黑白照片上彩妆................102
- 第五节 多彩秀发变变变................106
- 第六节 酷酷的数码纹身................109

目录 CONTENTS

Part 8 数码照片趣味制作——艺术效果篇

- 第一节 黑白艺术照片效果 115
- 第二节 老电影效果 116
- 第三节 铅笔淡彩人像画效果 118
- 第四节 人物素描效果 ① 122
- 第五节 人物素描效果 ② 125
- 第六节 风景水粉画效果 128
- 第七节 国画效果 131
- 第八节 水彩画效果 133
- 第九节 油画效果 135

Part 9 数码照片的冲印

- 第一节 数码照片冲印前的准备 138
- 第二节 数码照片的修饰 140
- 第三节 冲印数码照片 142
- 第四节 打印数码照片 145

Part 10 制作电子相册

- 第一节 制作照片幻灯片 149
- 第二节 制作多媒体电子相册 152
- 第三节 制作多媒体相册光盘 158

Part 1 数码相机之旅

第一节 认识数码相机

第二节 必须知道的数码相机知识

第三节 数码照片的导出

第一节 认识数码相机

随着科技的高速发展,数字技术前进的脚步也在不断加快,现在不仅声音实现了数码化,连影像也数码化了。数码相机(Digital Camera)是数字图像技术的核心,也逐渐成为消费类电子产品中的热门货,是近年来走进人们家庭的又一数码产品。

过去,数字图像(特别是在低端市场)一直依赖于扫描仪和传统的胶片冲洗。对大多数人来说,数字图像处理是一件令人头疼的工作:拍摄、冲洗、检查冲洗出来的照片的效果,扫描照片生成计算机能够使用的图像,最后,对图像进行编辑处理,直至得到令人满意的图像,需要多次反复才能得到令人满意的照片。

有了数码相机,这些繁复的程序就简化了许多:你可以根据自己的需要,随意拍摄,然后直接把图像下载到电脑中,进行编辑处理。有了数码相机,就不再依赖胶卷,不再依赖冲洗。有了它,你就能够方便快捷地生成可供计算机处理的图像。现在,数码相机已经成为数字图像处理中必不可少的工具了。

什么是数码相机

所谓数码相机,是一种能够进行拍摄,并通过内部数据处理把拍摄到的影像转换成数字信号的高科技数字化照相机。图1-1就是两款不同的数码相机。与传统相机不同,数码相机并不使用胶片,而是使用固定的或者是可拆卸的半导体存储器来保存获取的图像。

数码相机可以直接连接到计算机、电视机或者打印机上。在一定条件下，数码相机还可以直接连接到移动电话或者手持PC机上。由于数码相机的图像是通过内部数据处理的，所以使用者可以马上检查图像是否正确，而且可以立刻打印出来或是通过电子邮件传送出去。

图1-1 两款不同的数码相机

第二节 必须知道的数码相机知识

什么是数码相机的分辨率

"这个数码相机的分辨率是多少像素的?"这样的问题在电脑卖场或者数码相机专卖店里经常能听到。

数码相机的分辨率指的是感光设备（通常是CCD，即电子耦合器件）有效的图像获取像素值。只要有足够的像素值，便可以通过调整图像分辨率，对拍摄的照片进行处理，得出足够大而精致的成品。因此，我们通常用像素的多少来代指数码相机的分辨率。像素分辨率的高低是数码相机品质的基本表现，它是衡量数码相机质量的一个重要标准。

目前市场上的数码相机的像素都是以百万为单位的，低至200万像素，高至专业用的2200万像素。用户在选购数码相机时，应根据自己的实际需要选择数码相机的像素大小，一般来说，300万~500万像素的就完全可以满足家用了。

什么是快门

快门是相机镜头前控制光线进入量的装置，用来控制感光片的有效曝光时间。通常以快门速度值来表示，如1/2000秒。一般而言，快门的速度值范围越大越好。速度值低不适合拍运动中的物体，如果某款相机的快门最快能到1/16000秒，即可轻松拍摄急速移动的目标。不过，若你要拍的是夜晚的车水马龙，快门速度值就要低，常见照片中丝绢般的水流效果也要用慢速快门才能拍出来。

快门的工作原理是这样的：为了保护相机内的感光器件，不至于曝光，快门总是关闭的；拍摄时，调整好快门速度后，只要按住照相机的快门释放钮（也就是拍照的按钮），在快门开启与闭合的间隙，让通过镜头的光线使相机内的感光片获得正确的曝光，光穿过快门进入感光器件，将成像的数据写入记忆卡。

什么是曝光模式

曝光模式即相机采用自然光源的方式，通常分为快门优先、光圈优先、手动曝光、AE锁等模式。照片的好坏与曝光量有关，也就是说应该通过多少的光线使CCD能够得到清晰的图像。曝光量与通光时间（快门速度决定）、通光面积（光圈大小决定）有关。

什么是光圈

光圈是用来控制光线透过镜头进入机身内感光面的光线量的一个装置。

正确的曝光是拍摄一张好照片的基本要素，而曝光量是由光圈和快门所决定的,因此,如何选择光圈、快门的组合是最基本的拍摄技巧。现在很多数码相机上都有S(快门优先)、A(光圈优先)模式。

- 光圈及快门优先模式

  入门级以上的数码相机除了提供全自动(auto)模式,通常还会有光圈优先(aperture priority)、快门优先(shutter priority)两种模式,让你在某些场合可以先选择光圈值或快门值,然后分别搭配适合的快门或光圈,以呈现画面不同的景深或效果。

- 光圈先决模式

  先由我们自行决定光圈,相机测光系统依当时光线的情形,自动选择适当的快门速度以配合。设有曝光模式转盘的数码相机,通常都会在转盘上刻上字母"a"来代表光圈先决模式。光圈先决模式适合于重视景深效果的摄影。

小知识

所谓景深就是指当镜头聚焦于被摄体时,被摄体及其前后的景物延伸出来的一段比较清晰的范围。

什么是LCD取景

LCD即是液晶显示屏,这是目前大多数码相机必备的取景方式,它可以通过立拍立现的功能,让你直观地看到拍摄影像的效果。对不理想的影像,可以立即删除,或相应调整相机的设定,以及时弥补拍摄影像效果的偏差(如图1-2所示)。

图1-2 LCD取景

什么是存储器

由于制造相机的厂家不同,它们所使用的存储器也不尽相同。现在数码相机的存储介质一般有CF卡、SM卡、SD卡、XD卡、

MMC卡、微型记忆棒等几种(如图1-3所示)。

图1-3 各种存储器

● CF闪存卡（如图1-4所示）

即compact flash card，一种袖珍闪存卡，仅有火柴盒般大小。可以直接插入数码相机的卡槽，也可用适配器(又称转接卡)，使之适应标准的PC卡阅读器或其他的PC卡设备。

图1-4 CF闪存卡

相比同类其他存储卡而言，CF卡有几个缺点：容量有限、体积较大、性能有一定限制。

● SM闪存卡（如图1-5所示）

即Smart Media，一种智能媒体卡。具有超小超薄超轻等特性，功耗低，容易升级。

图1-5
SM闪存卡

● SD闪存卡（如图1-6所示）

即Secure Digital，存储速度快，非常小巧，目前市面上大多数数码相机使用这种存储卡，市场占有率第一。

图1-6
SD闪存卡

● 另外还有微型记忆棒、XD闪存卡等等(如图1-7所示)。

图1-7 微型记忆棒和XD闪存卡

PART 1 数码相机之旅

第三节 数码照片的导出

在使用数码相机轻松拍摄到满意的照片后,通常都需要将保存在各类存储介质中的图像文件导出,输入电脑做进一步的处理。将图像从相机或存储器中转移到电脑里有许多种方法,最常见、最普遍的方法是通过数码相机自带的USB电缆线直接将照片输入电脑。除此以外,也可以读卡器的方式读取存储器中的照片,有些电脑厂商甚至将部分类型的读卡器直接设置在计算机上,大大简化了数码相机用户导出照片的过程。下面就让我们来看看数码照片导出的几种具体方法。

通过USB接口传送

通过USB接口传送是大部分数码相机都支持的方式,也是普通用户最常用的方式。如图1-8右边的是USB电缆,左边的是Mini USB连接线。

有些厂家的数码相机虽然同样是基于USB接口,但设计上更为方便一些。如尼康CoolPix 775/885,在安装好驱动及相应的随机软件、连接好相机和电脑后,按下相机背部的图像传输按钮,相机中的图像文件便会自动

图1-8
USB电缆(右)、连接线

拷贝到硬盘中的指定目录,而无须其他任何操作,如图1-10中左边的就是尼康CoolPix 775相机。

与此类似,柯达也开发了一种称之为Easy Share的相机系统,先将柯达DX系列相机放置于配套的相机底座上,按下底座上的传输按钮后,也能自动完成图像上传的功能。富士FinePix

6800/F601/50i等型号的相机也有类似的底座可供配合使用，很适合对电脑操作不太熟悉的初级用户使用。图1-9右边的就是富士FinePix 6800相机。

图1-9 尼康CoolPix 775 富士FinePix 6800

将数码相机内的照片输入电脑的步骤如下：

1

一般数码相机都是通过USB接口将照片输入电脑的，所以，首先应该在电脑上安装USB驱动程序。当然，如果你的电脑操作系统是Windows Xp，就不必安装驱动了。

2

将数码相机设定为浏览方式，用USB线将数码相机专用的USB接口与计算机的USB接口连接。然后，打开数码相机电源。计算机将自动弹出如图1-10所示的窗口。显示数码相机存储卡所在磁盘位置。

图1-10 数码相机存储卡的位置

3

选择"打开文件夹以查看文件使用Windows资源管理器"，单击"确定"按钮，计算机将利用资源管理器查看存储卡内的照片(如图1-11所示)。

4

此时，你可以直接将数码照片文件夹复制到计算机指定的位置。如果数码照片不需要保留在数码相机里，可复制后删除文件夹。

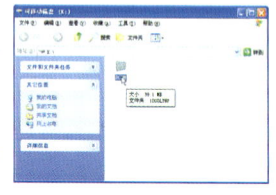

图1-11 存储卡内的照片文件夹

5 将数码照片导入计算机后，关闭当前窗口，然后双击桌面右下角的"安全删除硬件"图标(如图1-12所示)。

图1-12 "安全删除硬件"图标

6 在弹出的对话框中，选择需要停止的硬件设备类型，单击"停止"按钮(如图1-13所示)。

7 选择要停止的硬件设备，单击"确定"按钮(如图1-14所示)。

8 右下角任务栏弹出信息对话框，提示可以安全地移除硬件了(如图1-15所示)。

图1-13 选择硬件设备类型

图1-14 选择硬件设备

9 关闭数码相机电源，拔出USB线，数码相机安全地从系统移除了。

图1-15 安全移除硬件提示

读卡器方式

如果用户觉得通过USB接口连接相机和电脑太麻烦的话，可以通过特定的读卡器来使相机摆脱USB电缆的束缚。安装好相应的驱动程序后，读卡器就能够像一个软盘驱动器一样使用了(如图1-16所示)。

读卡器一般是多功能的，配有两种以上的存储卡插槽，以兼容各种不同的存储卡。当读卡器与电脑正确连接后，可以发现，在"我的电脑"中多出了几个可移动驱动器，每一个驱动器对应一种存储卡的插槽，用户只需将相机中的存储卡取下，插入相应的插槽中就可以直接对卡中的文件进行处理。

如果你是一位笔记本电脑用户，你还可以使用PC卡式的读卡器(如图1-17所示)，其读取速度较之一般的USB接口要快很多。

将读卡器插入PC卡插槽（如图1-18所示）后，读卡器就会被自动识别为新设备。之后，即可将读卡器中的文件拷贝到个人电脑里，使用非常方便。

使用多功能读卡器不仅大大方便了使用不同介质作为存储器的数码相机用户，而且读卡器读取文件的速度一般都要高于数码相机与电脑直接相连上传的速度，这在需要大容量的图像输出时有着明显的优势。

图1-16
多功能读卡器

图1-17
PC卡式的读卡器

图1-18
读卡器插入PC卡插槽

友情提示

在图像导出过程中，一般采取拷贝的方式，这样可以避免因为传送中的不确定性导致图像丢失；如果用户导出图像的容量较大而且较为频繁的话，则最好采用读卡器读取的方式，一来可以提高速度，二来可以避免相机内部的读取电路过早老化。随着连接方式的不断简化以及各种存储器的出现，相信图像的导出将会越来越方便。

通用读取软件

除了数码相机随机附带的专门软件外,有些通用软件也能够直接提取相机中的图像,如大名鼎鼎的ACDSee软件(如图1-19所示),就能够支持包括数十款不同厂家的数码相机。用户只需要选择相机一栏中使用

图1-19 ACDSee界面

的相机型号,并在属性一栏中正确设置好相应的参数即可。如果您的相机型号不在所提供的列表中,则可以通过选择【添加相机】到ACDSee的官方网站上去获取相应的插件。

从ACDsee网站上获取数码相机插件的步骤如下:

1

相机设置完毕并连接好之后,点击获取图标,从下拉菜单中选择 `从相机或内存卡读取器(C)...` (如图1-20所示)。

2

在弹出的【获取向导】窗口中选择 数码相机插件 图标,点击"下一步"按纽,开始下载。(如图1-21所示)

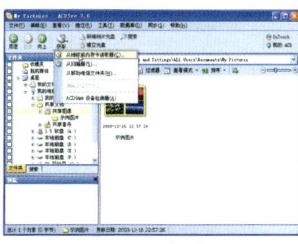
图1-20 选择获取源

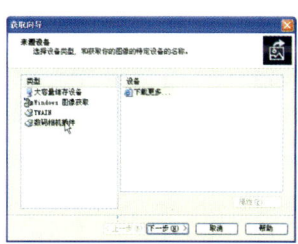
图1-21 选择数码相机

3

再选择相机一栏后,就可以直接浏览或下载相机中的图像了。

Part 2 迈入数码相机之门

第一节 如何拍摄第一张数码照片

第二节 拍摄时应注意的问题

第三节 如何取景

第四节 拍摄技巧

第一节 如何拍摄第一张数码照片

理论知识我们已经知道不少了,不过,可不能光"纸上谈兵",现在就来"实战"一下吧!怎样才能拍出一张数码照片呢?最简单的方法就是直接按快门。不过,要想拍出比较好的照片的话,还是需要一些技巧的,请参照以下的步骤:

进行正确的参数设定

在初学的时候应该多利用数码相机本身的自动拍摄功能,一般我们将其称为"4步起手势"。首先,将功能模式按钮调整到"拍摄"模式;然后,将曝光模式按钮调整到"自动"选项;再将拍摄模式调整到"单张拍摄"模式;最后把闪光灯模式也选择为"自动",接下来就可以开始取景了(如图2-1所示)。

图2-1 用LCD取景

取景

拍摄对象选好以后,就要进行取景,我们可以通过LCD液晶显示屏观察拍摄对象,以确定要拍摄的画面。在取景的时候,视线要和液晶显示屏保持垂直,景物的远近、大小可以通过缩放控制按钮来调节。确定最后的取景效果后,就可以按下快门了。

按快门

很多初次使用数码相机的人,在拍摄时往往还是像使用传统相机那样按一下快门便以为完成了拍摄,结果往往不尽如人意。这是因为，目前大多数码相机的快门都有焦距锁定功能，也就是说在按下快门后，相机并没有立即执行拍摄，而执行的是焦距锁定功能，要继续按下去后，才能真正地完成拍摄动作。初学者一定要记住，先轻轻按下快门，然后再用点力按下去，这才能够完成最后的拍摄。在按快门的时候，手一定要稳，不要晃动（如图2-2所示）。

图2-2　快门键

很简单吧，只需要这三个步骤，你就可以拍摄出第一张自己的数码照片了。心动不如行动，赶快拿起相机来试试吧。

第二节 拍摄时应注意的问题

虽然数码相机给人很智能的感觉，但这不代表我们不需要掌握任何摄影技术就可以用好它，相反，它要求的摄影技术比传统相机要高得多。这主要是取决于数码相机的图像传感技术和存储技术。所以，用数码相机拍摄时要注意下面的问题：

1 了解你的相机

每一种数码相机的功能都不同，一定要详细阅读使用说明书并多加练习。如果只是拍普通生活照，不一定要买功能太多的数码照相机。功能越少的数码相机操作起来越容易。

2 选择拍摄主体

不论拍摄的主体是大型建筑物还是人物，应尽量把重要的部分显露出来，不要摄入太多不相关的景物。图2-3就是这方面一个非常好的拍摄实例，它把长城的整体非常巧妙的框在了镜头中。

3 注意相机的性能

如果你的相机拍摄的效果不太好,很可能是由于调整不当所引起的,这时你需要仔细阅读使用说明书或寻求技术支持。

图2-3 选好主体

4 仔细观察主体与背景

拍摄前应从取景窗里仔细地观察背景是否杂乱,有无太多不必要的背景抢走了主体的吸引力,主体人物的表情是否自然等。如要拍一只长颈鹿,就要保证它后面不会有一群其他的动物掺杂在背景中(如图2-4所示)。

图2-4 突出主体

5 正确握持相机

应经常练习握持相机的要领,注意按快门不可用力过度,这样很可能会造成数码相机震动或者指头挡住镜头、闪光灯。

6 注意闪光灯的有效距离

注意闪光灯的有效距离:数码相机最适合的闪光灯距离为1.5米~4米,拍摄的时候可要注意这一点。

7 主体位置的处理

一般人多习惯把拍摄的人物放在画面中央,其实有时将主体稍稍移到旁边效果可能更好。要领很简单,先按正常拍摄习惯把人物主体放在观景窗中间,轻轻按住快门不放,这时相机会将距离锁定,将相机稍微往左或往右移动一点点,然后按下快门拍照,即可拍出与众不同的照片。通常来说,按照黄金分割的原理,然后将人物放在照片的中央稍稍偏左或偏右的位置,更符合视觉上的美感(如图2-5所示)。

图2-5 主体的位置可以稍微偏离中央　　图2-6 轻松自在拍照片

8 拍摄时不一定要很严肃

有时候,过于强调拍摄时的姿势和表情,反而会使拍出来的照片不自然。拍摄前可以说一些笑话,找一点轻松的话题,边讲边拍或请主体人物靠在东西上或者坐下来。在轻松自在的气氛里,要拍一张成功的照片就简单多了(如图2-6所示)。

9 注意光线的方向与位置

正对着强烈的阳光时,眼睛总是睁不开,被摄体上还会有明显的阴影,所以,晴天拍摄照片时,在树荫下或阳光不直接照射的地方效果可能会更好。

10 多拍几张

专业摄影者都知道,一处景物只拍一张照片是很冒险的做法,正确的做法是在不同角度和不同的时间多拍几张,这样才能选出比较精彩的照片。但是要注意一点,外出旅游的时候就没必要一处景物重复多拍,因为数码相机存储卡的空间是有限的,重复多拍会浪费存储卡的空间,最后造成有好景相机却无空间的尴尬局面。

第三节 如何取景构图

对摄影有一定了解的人,都明白准确构图的重要性。若不是拍摄特写,一般应把主体放在画面的1/3处,同时尽量避开杂乱的背景,从特别的视角来拍摄,尽量捕捉物体的细节与个性,利用一些斜线或曲线的背景构图,会让整体画面看上去更为生动。初学者一般习惯把主体置于画面中央,可试着将主体移至"井"字构图的交叉点或交叉线上,养成先对焦再构图的习惯。

图2-7就是一个很好的例子,从图中我们可以看出,拍摄主体并没有置于画面中心,而是置于"井"字构图的交叉线上。

另外,我们要善于运用二维的眼光观察。因为摄影只有二维空间,不同于人眼,可以从三维的角度观察事

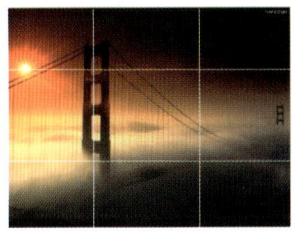

图2-7 黄金构图

物。不过,数码相机大都有LCD液晶显示屏(如图2-8所示),其视野率均在90%以上,有些接近100%,可以直截了当地观察到画面空间感和距离感是否足够,及时调整。不过,一般的数码相机LCD的分辨率都比较低,清晰度不太令人满意,不能过于依赖它。在实际使用中发现:在LCD中显示曝光轻微过度,在电脑的显示器中则显示曝光度刚好。这也是有一部分用户总是拍出暗淡无光的照片的原因。

另外,LCD的耗电量也一直让数码相机使用者们头痛,因此,有不少使用者在拍摄中还是习惯于使用光学取景器(如图2-9所示),不过,光学取景器的视野率只有80%-90%,会有一定的限制。

图2-8　LCD取景屏

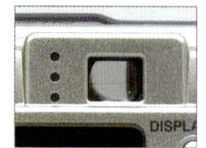

图2-9　光学取景器

第四节　拍摄技巧

大自然中有挺拔的高山、壮阔的大海、清澈的河流、神秘的森林……你是否也想用自己的相机把这些美不胜收的风景记录下来呢？光是记录下来还不够，还要展现它们最美的一面。那就一定要看看下面介绍的各种拍摄技巧！

阴天的拍摄技巧

大家都知道，充足的光线是曝光的基本要求，好的光线能够使得画面更加生动，色彩更加丰富，并且具有立体感。但是，有时候需要在阴天的时候进行拍摄，这就要考考你的技巧啦。

阴天虽然阳光较弱，但光线均匀柔和，一些本来会产生强烈反差的影调和色彩也会变得丰富许多，可以表现出晴天里无法产生的一些画面情调和气氛。图2-10不失为阴天拍摄的上等佳作。

图2-10　画面情调和气氛

1 选择合适的曝光方式

使用长焦同时使用大光圈,这是阴天拍摄最常用的一种拍摄方式。这样不仅可以虚化背景突出主体,而且还可以获得较高的快门速度,提高手持拍摄的成功率。一般我们采用光圈优先方式,并设定为最大光圈。

2 背景的选择

阴天的光线偏暗,即使采用大光圈有时也很难达到虚化背景的效果,因此,阴天拍摄需要注意背景的选择。背景适宜选择深色调的景物,避开天空或亮的景物作背景。这样可以让主体的色调处于亮的优势地位,黑白分明。图2-11中的背景选择的是深绿色的丛林和黑云密布的天空,而主体处于太阳余光的照射下,是整个画面的亮调。

图2-11 背景的选择

如何拍摄水景

风光摄影中,水景拍摄占有很重要的地位,大致可分为海滩、河流、小溪、湖泊等。下面就为大家介绍一些拍摄水景的小技巧。

在海边拍摄风光,海滩上往往显得空旷,摄影者选取画面时要多观察勤思考,适当选择安排近景(如礁石、椰树)、中景(如行驶在海中的渔船)、远景(如天边的云彩)。在海边取景构图还要注意海平面的平衡,否则照片中抢眼的斜线就会令人感到别扭。同时,因海滩线条缺少变化,摄影者可选择较高处位置以海浪或海滩为对角线拍摄,营造出一种视觉效果。构图则多用横构图以表现大海的宽广(如图2-12所示)。

图2-12　海边风光　　　　　图2-13　河流景色

拍摄河流景色，构图时应选取河道弯曲部位，利用曲线引导人们的视线，应注意调整不同的影调层次，如利用岸边的花草树木做前景(如图2-13所示)。早晚拍摄河流，可用增减补偿曝光的办法多拍几张，以获得不同影调效果的照片。

拍摄山涧小溪时，由于场景小，多选择在溪正中或对角线拍摄的构图手法，同时用竖拍以加深画面的纵深感，获得较大的场景效果。拍摄小溪多为信手拈来的小品，故摄影者还要在光线和色彩上取胜。由于山涧溪流不便立足，拍摄时应用三脚架稳定照相机(如图2-14所示)。

图2-14　山涧小溪　　　　　图2-15　湖面景色

拍摄湖面景色时，由于水面平静如镜，可注重拍摄水中倒影，表现出湖面的宁静。当然，在平静的水面投入一颗石子，激起层层涟漪，或划过一叶扁舟，可以增加画面的动感。所以说，拍摄湖面水景可动可静，都不失为创作的办法。图2-15着重表现了湖面的静态美。

如何拍摄户外风景

拍摄户外风景时，可以在画面的前景安排一些人或物，这样有助于画面空间透视的表现。可以找一个高地势的地方拍摄，比如说山顶、山坡、高塔等。通常下午是最适合拍摄户外风景的时间。拍摄时，可使用偏振镜来调节天空的亮度，使天空变得暗一些，突出蓝天中的白云，以增强画面的空间纵深感。图2-16就是一个很成功的拍摄户外风景的示例。

图2-16　户外风景

小技巧

很多没有手动曝光控制的数码相机都带有场景拍摄模式，而风景模式则是其中必备的模式之一，大家可以采用风景模式来进行拍摄。

具有手动曝光控制的数码相机可以选择光圈优先模式来拍摄，光圈最好选择F8或者F11来进行拍摄，使得画面更具有层次感。

如何拍摄建筑物

城市的变化是日新月异的，而千姿百态的建筑物即是代表，这也是很多数码摄影爱好者偏爱的拍摄题材。

不过，一般数码相机的镜头多少都带有桶形失真，因此，为了尽量减少图像的向上汇聚的变形，最好是选择在比较高的视点拍摄(如图

图2-17　城市建筑物

2-17所示)。比如说在楼梯上，或是其他可以提高视点的地方。如果不能找到合适的地方落脚，那就可以通过远离被摄物体以减少失真。明亮的天空可以弥补建筑物的暗淡。使用偏振镜可以减少或消除建筑物上玻璃的反光。

如何拍摄水花

拍摄喷射或飞溅的水花，可以使用侧光或是逆光使水呈现为半透明状(如图2-18所示)。这样可以使湍急的流水看起来比较柔和，有一种浪漫的模糊效果。很多初学者都很羡慕这样的照片，其实你自己也可以很轻松地拍摄出来。将快门控制在大约1/10秒到1/6秒就可以获得流动美感的水花照片。

图2-18　水花飞溅

如何拍摄日落和黄昏

拍摄日落的最好时间是当太阳刚刚接触到地平线的时候，晚霞则是在日落后的10~30分钟。拍摄黄昏景象的最好时间是日落后的15~30分钟，这时天空中仍然有一些色彩没有褪去。通常情况下，自动测光就能够很好的测量出曝光量。在拍摄时，可在画面的前景加上人物或是其他的景物以增加情趣或突出特点(如图2-19所示)。

图2-19　黄昏美景

Part 3 数码照片的管理

第一节 用"My Pictures"文件夹管理照片

第二节 用ACDSee管理照片

第三节 照片大小的修改、翻转及重命名

第四节 照片格式的转换

第一节 用"My Pictures"文件夹管理照片

作为一个数码摄影爱好者,谁的电脑里没有成堆的经典照片呢。照片数量有限时还比较好管理,但是面对与日俱增的照片,该如何管理好这些照片呢?我们首先想到的是像ACDSee这样的图片查看管理工具。其实,如果你用的操作系统是Windows 2000或Win-dows XP,那么它的"My Pic-tures"文件夹完全可以帮你完成这个工作,而不用再安装其他工具软件。(如图3-1所示)

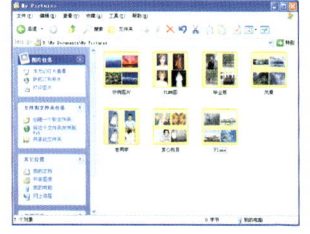

图3-1 "My Pictures"文件夹

照片的存储

在默认的情况下,来自数码相机或者扫描仪的照片都会存储在"我的文档"下的"My Pictures"文件夹中。照片比较少的时候看起来还比较方便,如果照片太多就会凌乱不堪,想找一幅照片要费很多时间。这个时候就应该在"My Pictures"文件夹下分类创建一些子文件夹,如"风景"、"毕业照"、"老同学"等等,以后再储存照片时只要将照片分类放入所属的文件夹,找的时候就不费吹灰之力啦!

照片的预览

存储在"My Pictures"文件夹中的照片可以自动地以缩略图或幻灯片的形式显示。用户通过单击"查看"菜单中的各种命令，就可以以不同的方式查看照片了。

1 用缩略图方式查看照片

打开"My Pictures"文件夹下的任意一个文件夹，单击"查看"菜单下的"缩略图"菜单项(如图3-2所示)，文件夹中的图片就会以缩略图的形式显示出来(如图3-3所示)。窗口的左下方是照片的详细情况，包括照片的大小、尺寸和创建时间等等。

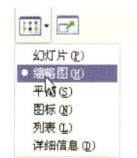

图3-2 "查看"菜单

图3-3 缩略图查看方式

2 用幻灯片方式查看照片

打开"My Pictures"文件夹，单击"查看"下的"幻灯片"菜单项，文件夹中的照片就会以幻灯片的形式显示出来(如图3-4所示)。

幻灯片工具栏中的 按钮和 可以选择上一张或者下一张照片， 和 可以对照片进行顺时针旋转或者逆时针旋转。

图3-4 幻灯片查看方式

3 用图片和传真查看器查看照片

存储在"My Pictures"文件夹中的图片将自动生成预览窗口，双击某张图片就可以在Windows图片和传真查看器中查看该图像了(如图3-5所示)。

工具栏的按钮 可以滚动预览照片， 可以放大或缩小预览图像， 可以以全屏大小或者最佳适应方式查看、管理图像， 分别可以删除、打印、保存或者更改文件的详细信息等等。

图3-5 Windows图片和传真查看器

小技巧

在文件夹内,单击右键,选择菜单中的"查看/缩略图"菜单项,所有的图片就会以简图的形式显示(如图3-6所示)。然后可以通过"自定义文件夹"来为所有文件夹设定文件显示方式和文件夹图片等(如图3-7所示)。

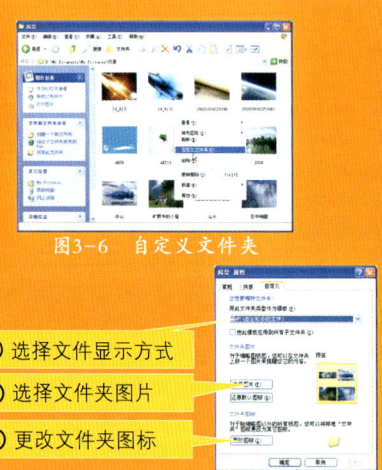

图3-6 自定义文件夹

① 选择文件显示方式
② 选择文件夹图片
③ 更改文件夹图标

图3-7 自定义文件夹属性

第二节 LESSON 2

用ACDSee管理照片

ACDSee作为图片浏览软件的"龙头老大",功能已经越来越完备。作为最流行的数字图像处理软件,它能广泛应用于图片的获取、管理、浏览、优化甚至和他人的分享!现在ACDSee最新版本已经达到8.0,具有建立6种不同格式的压缩、搜寻重复的图形文件、查看Quicktime及Adobe格式文件、提高图形文件的编辑、幻灯片与屏幕保护的特效。其浏览窗口如图3-8所示。

PART 3
数码照片的管理

ACDSee的浏览窗口和Windows的窗口非常相似，一些基础的操作，如复制、粘贴、新建文件夹等也大同小异。下面我们以ACDSee 7.0为例看一下它独有的一些功能。

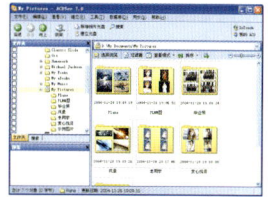
图3-8 ACDSee的浏览窗口

1

先打开ACDSee 7.0，再打开某个文件夹，点击预览窗口上的 查看模式 图标，可以得到缩略图+详细资料、电影胶片、缩略图、图标四种不同的查看模式(如图3-9所示)。

图3-9 四种不同的查看模式

2

110x82 用来控制预览图的大小，这是ACDSee 7.0以上版本才有的功能(如图3-10所示)。

图3-10 控制预览图的大小

3

在照片上单击右键，就可以看到ACDSee所提供的各种功能(如图3-11所示)。

添加到图像篮子(I) 可以把图片放入图像篮子，以备他用。

设置壁纸(W) 可以用以下三种方式把选中的图片设为桌面壁纸(如图3-12所示)。

27

图3-11 右键的各种功能　　图3-12 设置桌面壁纸

4

幻灯片(D)... 可以用幻灯片的方式浏览图片，具体设置如图3-13至3-16所示：

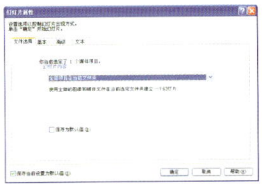 

图3-13 设置文件选择　　图3-14 设置转换效果

图3-15 一些高级设置　　图3-16 全屏浏览模式

5

在选中的图片上双击鼠标，即可进入单张图片浏览模式，方式如同Windows的图片和传真查看器。在这儿可以清楚明了的浏览单张图片，并能进行处理操作(如图3-17所示)。

图3-17 单张图片浏览模式

PART 3
数码照片的管理

LESSON 3 第三节 照片大小的修改、翻转及重命名

照片大小的修改

如果你在拍摄时设置的像素特别高，那么拍出来的照片就会比较大；或者从网上下载的高清晰图片也会比较大。如果你想发照片给朋友看或者想上传到网上的话，当然是不要太大为好，这样就要对照片大小进行修改。ACDSee的功能强大，这点小问题自然是雕虫小技了。

1 打开ACDSee，浏览原图像的大小，确定缩放目标(如图3-18所示)。从图像下面的数据可以看出它的像素和存储大小。

图3-18 浏览原图像的大小

2 点击"关联灵敏工具栏"的 调整图像大小 (如图3-19所示)。

图3-19 关联灵敏工具栏

3 在弹出的窗口中设置缩小为原来的50%(如图3-20所示)。

图3-20 缩放设置　　图3-21 调整进度窗口

4 点击 开始调整大小... ，进行调整(如图3-21所示)。

5 查看新图像的大小。从图3-22可以看出图像的大小缩小了一半，存储空间也缩小了一半。所以调整图像大小非常有益于空间的调整，你可以根据自己的需要去随意调整。

图3-22　查看新图像的大小

照片的翻转

我们如果拍摄全身照的话，经常会出现照片横置的现象(如图3-23所示)，这样查看起来非常不方便，也不符合我们的视觉习惯，我们要做的就是让它"改斜归正"。

1 在资源管理器浏览模式下点击"关联灵敏工具栏"的 右转 或是 左转 按钮来转换。

图3-23　横置的照片

2 双击照片进入"查看"模式，打开"更改"菜单下的 旋转/翻转(E)... ，在弹出的窗口中进行更改(如图3-24至3-26所示)。

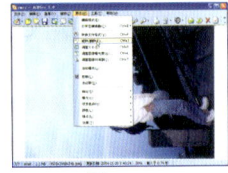

图3-24
选择【旋转/翻转】工具

图3-25
【旋转/翻转】调整窗口

图3-26
旋转后的照片

PART 3
数码照片的管理

批量重命名

从数码相机导入计算机的照片通常是按照相机的内部命名规律自动给定的名字,既没有什么意义,也不利于管理(如图3-27所示)。

ACDSee给我们提供了方便实用的"批量重命名"功能,让照片改名字可以轻松实现。

1. 选中需要改名字的照片,如果文件夹下的照片要全部选中的话可以用快捷键【Ctrl+A】操作。

图3-27 初始照片名称

2. 点击"关联灵敏工具栏"的 重命名 。

3. 在弹出的窗口中进行设置(如图3-28所示),每张照片名称都以"毕业照"开头,然后是数字排序,如"毕业照01"、"毕业照02"、"毕业照03"……

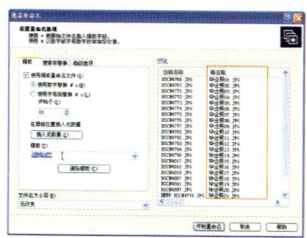

图3-28 重命名窗口

图3-29 重命名后的照片名称

4. 在右边的预览窗口中得到满意的新名称后,点击 开始重命名 ,一切搞定,效果如图3-29所示。

照片格式的转换

常见的图形图像文件扩展名

正如数码音乐的格式有多种多样,数码照片的格式也是五花八门。如最古老原始的Windows位图BMP格式、最流行的压缩格式JPG、Photoshop专用的PSD格式、网页格式GIF等等。每一种格式,都有它的产生背景,也都有各自的用武之地。

- BMP格式:是Windows中的标准图像文件格式。它以独立于设备的方法描述位图,可用非压缩格式存储图像数据,支持多种图像的存储,常见的各种图形图像软件都能对其进行处理。
- JPG/JPEG格式:是24位的图像文件格式,也是一种高效的压缩格式。由于其高效的压缩效率和标准化要求,目前已广泛用于彩色传真、静止图像、电话会议、印刷及新闻图片的传送。
- TIF/TIFF格式:TIFF支持的色彩数最高可达16M,它存储图像质量高,但占用的存储空间非常大,细微层次的信息较多,有利于原稿阶调与色彩的复制。该格式有压缩和非压缩两种形式。
- GIF格式:是可以在各种平台的各种图形处理软件上进行处理。该格式存储色彩最高只能达到256种,多用于网络传输。

文件格式的转换

ACDSee支持目前绝大多数的图片格式,也就是说,基本上你所能见到的图片都能通过ACDSee打开并进行处理操作。下面就是从BMP格式转换到JPG格式的例子，希望大家学会后可以触类旁通，了解其他格式之间是如何转换的。

图3-30就是一张BMP格式的图片，它的大小约为23M，这相对于一张图片来说，可以说是超级大的了，要知道，大多数码相机的存储卡容量才只有128M，如果存这种图片可存不了几张。

那我们把它转换为JPG格式看看有什么变化？

图3-30　图片的属性

1

选中图片，选择"工具"菜单下的 转换文件格式(V)... (如图3-31所示)。

2

在弹出的窗口中，选择转换格式为JPG(如图3-32所示)。

图3-31　转换文件格式

友情提示

点击窗口中的 格式设置(E)... ，可以对生成的JPG图片的质量进行设置。（如图3-33所示）

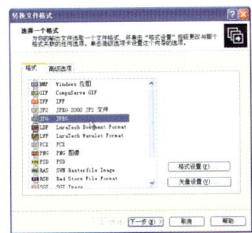
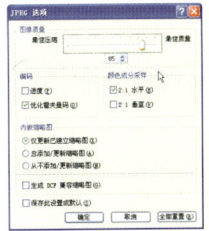

图3-32　选择转换的目标格式　　图3-33　对JPG图片的质量进行设置

点击 下一步(N)> ，提示你设置输出选项，包括文件存放位置及存储选项等(如图3-34所示)。

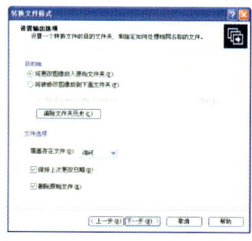

图3-34　文件存放位置及存储选项　　　图3-35　转换后的文件格式

再点 下一步(N)>，在窗口中点击 开始转换...，即得到JPG格式文件。从图3-35可以看出，JPG格式的文件要比BMP的小很多，而图像质量基本上没有什么差别，这就可以节省不少存储空间了。

Part 4 *Photoshop*基础

第一节　Photoshop概述

第二节　认识Photoshop的工具箱

第三节　建立新文件

第四节　保存文件

第五节　滤镜

第一节 Photoshop 概述

Photoshop 是美国Adobe公司出品的图像处理软件,也是目前公认的最好的通用平面美术设计软件,它的功能完善,性能稳定,在图像创作、图像修饰、图形编辑、彩色绘图、网页制作等方面具有强大的功能,现已广泛用于图形图像处理和平面设计等领域。即使你在图像处理方面

图4-1 Photoshop 7.0

是一个新手,利用Photoshop你也可以很快创作出令人刮目相看的作品。

运行Photoshop前,要确定你的Windows环境是在256色以上的,最好是真彩色(24/32位),因为Photoshop虽然在256色下就可以运行,但如果要显示正确的颜色和得到较快的运行速度,真彩色的显示是必需的。另外,显示器分辨率最好在 800×600以上,以获得更大的屏幕面积。

当前Photoshop产品的版本更新很快,从早期的Photoshop 5.0已经快速发展到现在的Photoshop CS2,版本的更新代表功能和界面的扩充和更新,但其中最为大家熟知的功能不会有太大改变,所以不管用什么版本的Photoshop,只要技术过关,都能得到精美的作品。Photoshop 7.0因其功能相对较全,对计算机系统资源要求相对较低而受到大家的广泛青睐。

Photoshop 的工作界面

如图4-2和4-3是Photoshop 7.0 和Photoshop CS2的界面比较。

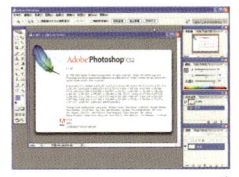

图4-2 Photoshop 7.0的工作界面　　图4-3 Photoshop CS2的工作界面

Photoshop 界面各部分介绍

1 菜单栏

窗口顶部的长条区域是菜单栏，使用菜单栏中的菜单可以执行Photoshop的许多命令，在该菜单栏中共排列有9个菜单，其中每个菜单都带有一组自己的命令(如图4-4所示)。

图4-4　菜单栏

2 工具选项栏

包括色彩调整之类的命令都存放在此栏中，对工具属性的调整变得更加直接和简单 (如图4-5所示)。

图4-5　工具选项栏

3 工具箱

工具箱包含了Photo-shop中各种图像的修饰以及绘图等常用的工具，单击某一工具按钮就可以调出相应的工具使用(如图4-6所示)。

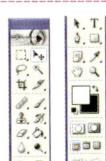

图4-6　工具箱　图4-7　图像窗口

4 图像窗口

图像窗口即显示图像的区域，在这里我们可以编辑和修改图像，对图像窗口我们也可以进行放大、缩小和移动等操作(如图4-7所示)。

5 调板区

调板区用来安放制作需要的各种常用的调板。调板通常只显示名称，点击后才出现整个调板，这样可以有效利用空间，避免过多挤占图像的空间(如图4-8所示)。

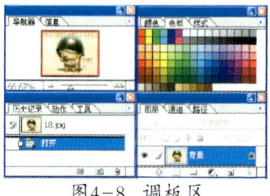

图4-8 调板区

6 状态栏

位于Photoshop窗口底部，其中显示着图像的缩放比例，内存的占用率以及当前所选工具的使用方法等。也会显示处理的进度(如图4-9所示)。

图4-9 状态栏

各部分的布局如图4-10所示：

图4-10 界面各部分的布局

LESSON 2 第二节 认识 Photoshop 的工具箱

Photoshop 7.0 的工具箱中有许多工具，其中大多数工具按钮的右下角有个小三角，表示该工具下还隐藏着其他工具，鼠标在小三角上停顿一会就可以看到弹出来的其他工具，如图4-11所示。

我们先来认识一些常用的工具：

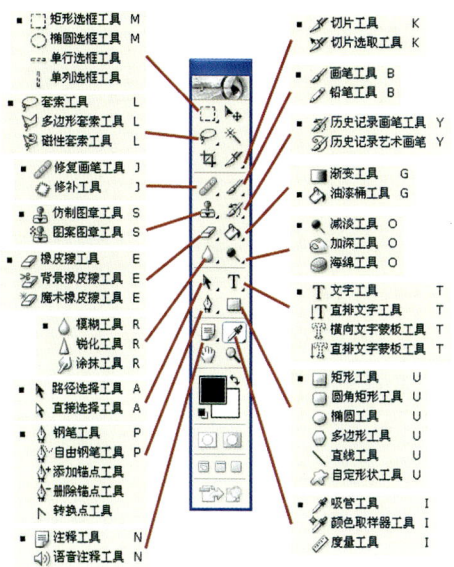

图4-11 工具箱的各种工具

矩形选框工具

矩形选框工具是基本的操作工具。点击该图标将会看到它有4个不同的选项。你可以选择矩形（按住Alt键则为正方形）、椭圆形（按住Alt键则为圆形）、一行像素和一列像素。

通常你所想选择的区域要比这些简单的形状所能选出的复杂，而在Photoshop中你可以增减选择区域。要增加选择区域，则按住Shift键，然后做一个新的选择，则你的第1次的选择将加在新的选择区域上。要减少选择区域，则按住Alt键，做出第2次选择，则第1次的选择中将会减去新的选择区域。通过这些方式，你可以选择出形状比较复杂的区域。

移动工具

矩形选框工具旁边就是移动工具。它主要用来移动选中的图像或选区。

> **快速复制技巧**：在同一个文档中，确定当前为移动工具（或暂时为移动工具），按下Alt键的同时，拖移对象，即可复制，按住Shift键，可按45度角的倍数移动。在不同的文档间，移动时按住Shift键，如果两个文档的大小相同，则对象被复制到新文档的相同位置，如果文档大小不同，那么对象被复制到新文档的正中。用这种方法复制，不但方便，也可以减少剪贴板的使用，进一步节省系统资源。

套索工具

点击该图标将会看到它有3个不同的选项。

套索工具可以让你自由的画出曲线组成闭合域来形成选区。

多边形套索工具通过画多边形来形成选区，在运用此工具时只需通过点击确定多边形的点。

磁性套索工具是Photoshop中最有用的工具之一，在选择时它可以自动分辨相邻颜色区域的边界，并沿着边界形成选区。

魔术棒工具

魔术棒工具 用于选择所有相同的颜色及附近相近的色彩像素。如果你将容差设为0，则只选择完全一致的色彩，容差参数值越高，越多的色彩相近的像素将被选择在内。你还可以用Shift和Alt键加增选择区域。

画笔工具

选中此工具，然后在画布上按住鼠标左键拖动一下，瞧，画布上出现了一条黑线，鼠标按不同的路线拖动,就能画出不同的线条,这就是画笔工具。而且,你还可以选择不同粗细的笔尖来画图,画出粗细不同的线;而选择边缘比较柔和的笔尖,画出的线条边缘也就比较柔和,以后你可以好好利用笔尖的特性。

橡皮擦工具

- 橡皮擦工具 E
  背景橡皮擦工具 E
  魔术橡皮擦工具 E
  如同橡皮一样,这个工具是用来擦掉颜色、图案的。

- 橡皮擦工具 E 和普通的橡皮一样,点哪儿擦哪儿,也可以使用画笔的形状。

  背景橡皮擦工具 E 在多图层的图像操作时,可以只擦除你选中的图层中的内容,而不影响其他图层。

  魔术橡皮擦工具 E 它的用法和魔术棒工具很相象,它擦除的是可以用魔术棒工具选中的内容。

工具箱中的工具种类繁多,用处更是多种多样,只有通过不断的学习和练习,才能熟练地应用它们。

快捷键的使用

这是Photoshop基础中的基础,也是提高工作效率的最佳方法。快捷键的使用,使你可以将精力更好的集中在你的作品而不是工具面板上。一旦你能够熟练的使用快捷键,就可以使用全屏的工作方式,省却了不必要的面板位置,使视野更开阔,最大限度的利用屏幕空间,而不必分心在工具的选择上,在工作时不被打断。

你应该尽量使用快捷键,下面的这些快捷键是提高效率的好帮手,请一定要牢牢记住。

Ctrl+J:	复制当前图层到一个新层
J:	切换到喷枪工具
M:	切换到选框工具

一开始，你可能无法记住所有的快捷键，你可以使用Photoshop的工具提示来获得帮助。方法是执行【编辑】-【预置】-【常规】命令，选择"显示工具提示"选项。这样，当你把鼠标移动到工具面板上时，工具名称和其快捷键就会出现，直到移走鼠标才会消失。

第三节 建立新文件

我们首先来建立个新文件，执行【文件】-【新建】命令，出现的窗口中选择图像的大小，根据实际需要设定横向宽度和纵向高度。(如图4-12所示)

如果我们做的图只是在电脑上观看，那么，要把单位设置为像素，像素是电脑中专用的单位，是图像

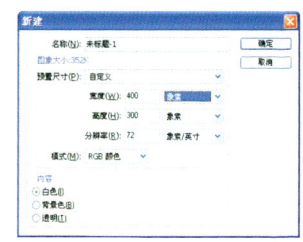

图4-12　新建文件窗口

的最小组成部分，也可以叫做一个点。比如分辨率是640×480，即是由横向640个点和纵向480个点组成。

如果图像是要印刷或打印的，那么要把单位设置为厘米或英寸，再根据最后打印出来的图画需要的尺寸填写即可。这里我们设置为400×300像素。

分辨率，有时也叫精度，它的单位是像素/英寸，即dpi，表示每英寸多少个像素点。如果图像是在电脑上观看的，那么这个值设为多少都行，对显示效果没有影响；如果是作为印刷或打印，那么一般要在300dpi以上。精度越高，图像的质量越好，但处理速度就越慢。

"模式"选项中可以让你提前设定文件的颜色模式，每一种模式都有它自己的特点和适用范围。

"位图"模式的图像只有黑色和白色两种像素，每一个像素点用"位"来表示。

"灰度"模式最多使用256级灰度表现图像，图像中的每个像素有一个0（黑色）到255（白色）之间的亮度值。

"RGB颜色"也就是红、绿、蓝三元色模式，它通常用于光照、视频和屏幕图像编辑。

"CMYK颜色"通常用于印刷色打印的图像。

"Lab颜色"是根据日常生活中人眼的视觉特征制定的一种色彩模式，最接近于人类对色彩辨认的思考方式。

LESSON 4 第四节 保存文件

当图片处理好之后，最重要的就是要保存好劳动果实，千万不要花半天时间做的东西结果忘了存或是因为死机而搞得一场空。

单击【文件】，再点击【保存】，起个名字，在这里可以选择图像保存的格式，图像文件是很特殊的，在不同的电脑系统中，保存图像的格式是不同的（如图4-13所示）。

Photoshop默认的是它专用的图像格式，以PSD为后缀。这种格式一般只能用Photoshop打开，但PSD文件可以包含图层、通道、路径以及图片版权等信息,所以PSD可以说是Photoshop最常用的格式。当然，我们也可以选择其他格式，Photoshop可打开和保存选择的格式很多，最常用的是：

- BMP——windows位图格式。
- TIF——印刷中的常用格式。
- JPG——网络上常用的格式，它是一种压缩文件，所以文件会很小。

图4-13 文件保存窗口

第五节 滤 镜

Photoshop中还有一项非常有意思的特技效果，而且使用很简单，这就是滤镜的效果(如图4-14所示)。滤镜是Photoshop的"主打"，非常独特、实用，要做出令人刮目相看的作品，没有滤镜的帮助是很难完成了。它能够实现许多神奇的功能——模糊、变形、清晰处理以及其他许多很酷的功能。滤镜是Photoshop插件，你可以另外购买许多别人制作的有趣的滤镜。

在后面的图像处理实例中，我们会提到很多滤镜的使用，这儿就不赘述了。

图4-14 Photoshop滤镜菜单

Part 5 数码照片趣味制作——入门篇

- 第一节　快速消除"红眼病"
- 第二节　缤纷你的衣装
- 第三节　冰雪肌肤，轻松拥有
- 第四节　打造自己的大头贴
- 第五节　神奇"克隆"术
- 第六节　轻松游遍全世界

第一节 快速消除"红眼病"

大家都有这样的经验,在室内或是夜晚拍摄人物的时候,由于光线与拍摄角度的问题,在照片中出现红眼现象是最普遍的。虽然不少数码相机都提供了防红眼功能,但效果不是十分理想,还是不能从根本上解决问题,这就要借助Photoshop软件了。

1

首先打开Photoshop并选择需要处理的带红眼的人物照片(如图5-1所示)。

图5-1 打开带红眼的照片　　图5-2 放大红眼部位

2

选择放大工具,将红眼的部位放大到能够明显看出眼珠的轮廓(如图5-2所示)。

3

选择工具栏中的【椭圆选框工具】按钮,在眼睛中把红色的地方用鼠标拖出一个圈,其大小正好与红眼范围相同即可,然后删掉选择的红眼区域(如图5-3所示)。

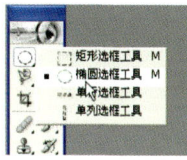 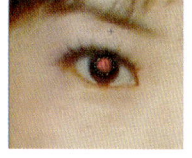 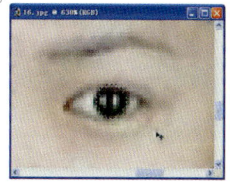

图5-3 选择红眼范围　　　图5-4 选择黑色眼球部分

4

打开另外一张没有红眼的照片,根据实际情况选择眼睛中眼球部分,不要太大,也不可太小,不然做出的图片会很不自然(如图5-4所示)。

5

复制所选的黑眼球,然后粘贴到刚才的那张图中(如图5-5所示)。

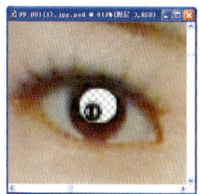 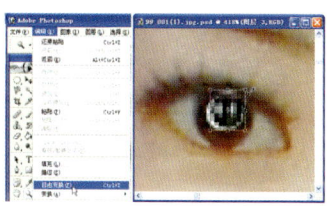

图5-5 粘贴黑眼球　　　图5-6 拉伸眼球大小

6

执行【编辑】-【自由变换】命令,把眼球拉伸到正好可以盖住空白区域(如图5-6所示)。

7

回车确定后,选择移动工具拖放到合适的位置。再选择橡皮擦工具,擦除边缘不太清楚的地方,最后用模糊工具模糊边缘,使图像看起来没有层次差别。这样一来,一边的红眼就算是恢复正常了(如图5-7所示)。

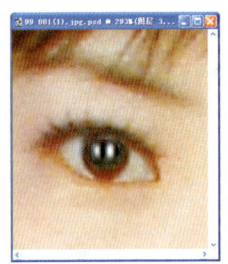

图5-7 修改后的效果

图5-8 双眼去掉红眼的效果

8 最后，如法炮制把另外一只眼的红眼也去掉，就可以得到满意的效果啦！最终效果如图5-8。用Photoshop"医治红眼病"就是这么快捷简单。

第二节　缤纷你的衣装

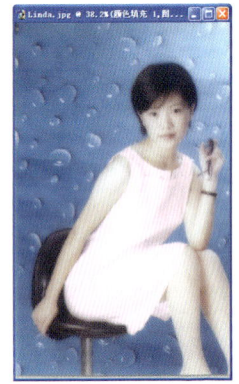

在别人为自己拍照片时，是否总是不知道穿哪件衣服好，有时还会嫌自己的衣服不够丰富，色彩不够缤纷？没关系，现在photoshop统统帮你解决，让你想"穿"什么颜色的衣服就"穿"什么颜色的衣服！用下列方法可以轻松实现理想的效果：

1 启动Photoshop，打开一幅人物图像(如图5-9所示)。

图5-9 打开人物图像

2 选择磁性套索工具 ，对人物的衣服进行选择(如图5-10所示)。

3 执行【新填充图层】-【纯色】命令(如图5-11所示)。

4 在弹出的【新图层】窗口中选择【模式】选项为【颜色】，点击【确定】(如图5-12所示)。

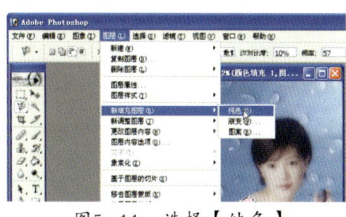

图5-11 选择【纯色】

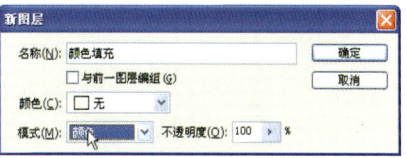

图5-10 选择人物的衣服　　图5-12 设置【模式】

5 在弹出的【拾色器】窗口中，选择合适的颜色(如图5-13所示)。注意所选的颜色要与背景、肤色、人物表情等相协调，这样才能使"换装"后的照片自然美观。

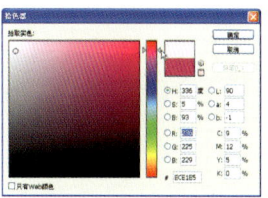

图5-13 选取颜色

6

最后，单击【确定】按钮，改变颜色后的新衣服就呈现在你的眼前了，图5-14中蓝色的背景映衬下的一袭白裙，是不是比原先的效果更好了呢！当然，你也可以把它换成别的色彩。有了Photoshop强大功能的支持，你是不是再也不用为拍照时穿什么颜色的衣服而发愁了呢？

图5-14
改变衣服颜色后的效果

第三节 冰雪肌肤，轻松拥有

数码相机拍摄出来的照片，80%都是要进行后期处理的。用Photoshop可以弥补数码相机在拍照时的不足，把一些瑕疵去除。比如人物脸上的青春痘，光线较暗时的灰斑等等，都会使面部肌肤显得粗糙，这些问题你不用去特意的进行化妆，将其遮盖住，只要在拍摄之后适当地处理，去斑美容，就可以达到艺术照的效果。

1

启动Photoshop，双击空白窗口或是按【Ctrl+O】组合键打开你所要修改的照片(如图5-15所示)。

图5-15 打开要修改的照片

PART 5 数码照片趣味制作——入门篇

2
使用快捷键【Ctrl+A】选中整个图像,按【Ctrl+C】快捷键复制选中的图像。

3
选择【通道】调板,单击下方的 按钮新建一个通道,按快捷键【Ctrl+V】将刚才的图像粘贴到新通道中,再按【Ctrl+D】取消选定(如图5-16所示)。

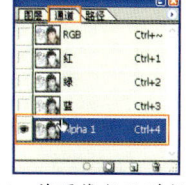

图5-16 将图像粘贴到新通道中

4
执行【滤镜】-【模糊】-【高斯模糊】命令(如图5-17)。

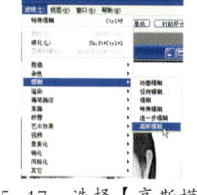

图5-17 选择【高斯模糊】

5
在弹出的窗口中设置模糊图像的半径值为7(如图5-18所示)。

6
按住【Ctrl】键单击Alpha 1通道载入选定范围(如图5-19所示)。

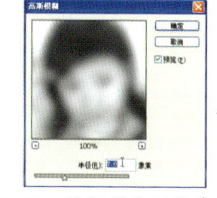

图5-18 设置模糊图像参数

7
单击"RGB"通道返回复合通道选择区域(如图5-20所示)。

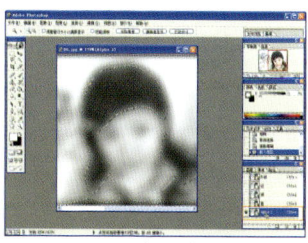

图5-19 载入选定范围

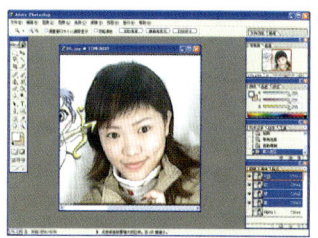

图5-20 返回复合通道区域

8 执行【模糊】-【特殊模糊】命令(如图5-21所示)。

9 在弹出的窗口中设置半径为1.4,阈值为25.2,从预览窗口就可以看到调整后的效果(如图5-22所示)。

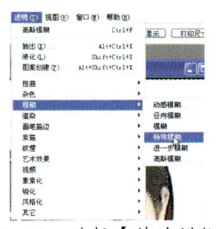

图5-21 选择【特殊模糊】

图5-22 设置模糊参数　　图5-23 肌肤美容后的效果

10 点击【确定】,就可以得到肌肤美容后的效果了(如图5-23所示),比直接往脸部化妆要方便多了。

第四节 打造自己的大头贴

时下,很多年轻朋友都喜欢拍大头照,随处可贴,如手机、电脑、甚至是衬衫上……很多大头贴都是在商场中用专门的机器拍摄制作的,而且价格不菲。其实,你根本不必为大头贴花费如此的物力和财力,只要有数码照片,你自己就可以动手制作。

PART 5
数码照片趣味制作——入门篇

1 启动Photoshop，双击空白窗口或是按【Ctrl+O】组合键打开你要用来做大头贴外框的图片(如图5-24所示)。

图5-24 打开大头贴外框图片

2 激活右下角【图层窗口】，在【背景】上双击左键，新建图层，使此图可编辑(如图5-25所示)。

图5-25 双击新建图层

3 点击矩形选框工具，在下拉菜单中选择椭圆选框工具 (如图5-26所示)。

4 设置羽化值为30(如图5-27所示)。

图5-27 设置羽化值

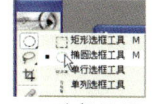

图5-26 选择椭圆工具

5 在图上拖出适当大小的区域，然后删掉，重复几次，把多余的区域去掉(如图5-28所示)。

图5-28 去掉白色区域

6 再返回选取框，设置羽化值为0 (如图5-29所示)。

图5-29 选取矩形工具

53

7 使用快捷键【Ctrl+A】选中整个图像,按【Ctrl+C】快捷键复制选中的图像。

8 按【Ctrl+O】组合键打开你所要用来做大头贴的照片(如图5-30所示)。同样要双击【背景】条,新建图层,使此图可编辑。

图5-30 打开用来做大头贴的照片

9 按【Ctrl+V】组合键将刚才复制的图像粘贴到新图像上。再选取移动工具,拖动新图层到合适的位置(如图5-31所示)。

图5-31 拖动新图层到合适的位置　　图5-32 合并两个图层

10 按【Ctrl+E】组合键或是如图5-32所示操作来合并两个图层。

11 点击 选取框,设置羽化值为10,按图片的外框来选择区域,按【Ctrl+C】快捷键复制选中的图像(如图5-33所示)。

图5-33
按图片的外框来选择区域

PART 5 数码照片趣味制作——入门篇

12

按【Ctrl+N】组合键新建一个图像(如图5-34所示)。

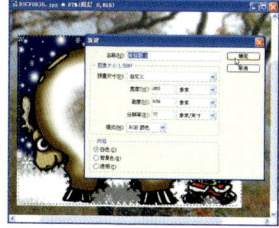
图5-34 新建一个图像

图5-35 大头贴完成后的效果

13

按【Ctrl+V】快捷键将刚才复制的图像粘贴到新图像中(如图5-35所示),一张自己打造的大头贴就诞生啦!

LESSON 5 第五节 神奇"克隆"术

是否想过"克隆"一个和自己一模一样的"兄弟姐妹"呢?其实这并不是梦想,现在有了Photoshop的【蒙版工具】,自己在电脑上就可以完成"克隆"的工作。准备好了吗?一起来看看具体操作程序吧。

1

按【Ctrl+O】组合键,打开一张实践照片(如图5-36所示)。

2

设置背景为"白色",然后执行【图像】-【画布大小】命令(如图5-37所示)。

图5-36 打开一张实践照片

3

在弹出的【画布大小】对话框中设置其【宽度】为原始宽度的两倍,【定位】为中左(如图5-38所示)。

4

设置完毕后,单击 确定 ,画面显示结果如图5-39所示。可以看到,画布的宽度已经变为原来的两倍。

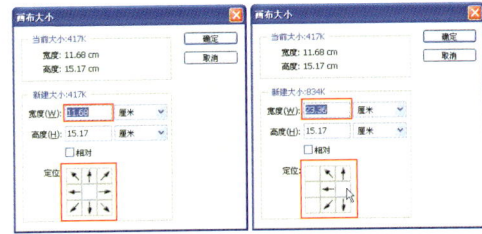

图5-37 选择【画布大小】

图5-38 设置【画布大小】

图5-39 画布的宽度变为原来的两倍　　图5-40 选取右边一半区域

5

单击 ▭ ,精确选取右边一半的区域(如图5-40所示)。

6

按快捷键【Ctrl+J】,或是如图5-41选取菜单,将选区内的图像复制成为一个新的图层,并在【图层】面板上指定背景层为当前层。

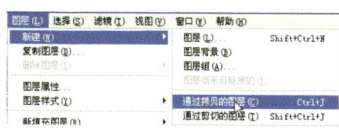 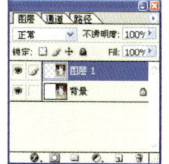

图5-41 复制选区成为一个新的图层

7

执行【编辑】-【变换】-【水平翻转】命令,对图层1进行水平翻转处理(如图5-42所示)。

图5-42 水平翻转处理

图5-43 移动右边照片的位置　　图5-44 移动后的效果

8

使用移动工具 移动右边照片的位置,直到使画布上的图像对称为止(如图5-43、5-44所示)。

9

这样,双胞胎效果就算是做成了。但在大多数情况下,图像移动后会出现叠加不合适,比如会在中间出现交接的痕迹(如图5-45)。

图5-45 出现交接的痕迹

10

单击【图层】面板下面的【添加图层蒙版】按钮，为图层1增加图层蒙版(如图5-46所示)。

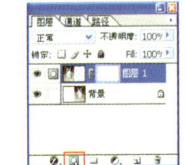

11

设置前景色为"黑色"，选取【画笔工具】，在图层蒙版中涂抹两张照片交接的地方(如图5-47所示)。

图5-46 添加图层蒙版

12

交接处的痕迹消除后，合并图层就可以得到最终"克隆"后的完美效果了。看看图5-48，画中的两只小猫是不是真的像一对双胞胎。

图5-47 涂抹照片交接的地方　　图5-48 清除痕迹后的效果

第六节　轻松游遍全世界

现实中，我们大概都不可能到世界各个地方去转一转，但借助Photoshop，你可以轻松有一张世界上任何旅游景点的照片。

要完成这份工作，首先要做的就是把人物从原来的照片中提取出来，再加到另外一张图中。下面，我们分别向大家演示两种最常用的提取人物的方法。

利用【抽出】功能

1 在Photoshop中按快捷键【Ctrl+O】组合键,打开一张需要的图片(如图5-49所示)。

2 执行【滤镜】-【抽出】命令(如图5-50所示)。

3 选择 🔍 工具放大显示图像(如图5-51所示)。

图5-49
打开一张图片

图5-50
选择【抽出】命令

图5-51 放大显示图像

4 选择 ✏️ 工具,在对话框右侧调整【画笔大小】,并选中【智能高光显示】复选框,然后沿着要选取的人物的边缘拖动鼠标创建高光区域(如图5-52所示)。

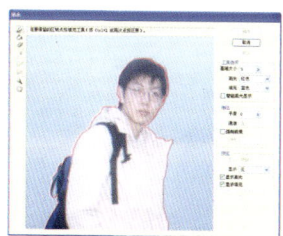
图5-52 创建高光区域

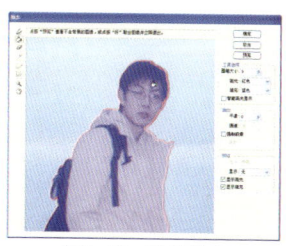
图5-53 显示填充

5 沿着要选取的人物创建闭合区域后选择 🪣 工具,在闭合区域中单击鼠标进行填充(如图5-53所示)。

6 单击 预览 按钮,查看已经选取的人物的效果(如图5-54所示)。

7 然后单击 确定 按钮,就可以得到抽出的人物(如图5-55所示)。

图5-54 预览效果

图5-55 抽出人物

用【磁性套索工具】提取

1 打开图片后,选择 工具,沿着人物的边缘对人物进行选择(如图5-56所示)。

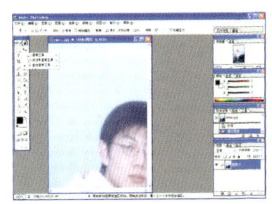
图5-56 磁性套索选择人物的边缘

友情提示

图5-57 【磁性套索】工具栏

- 【磁性套索】工具图标旁边的四个图标从左至右分别为:新选区、添加到选区、从选区中减去、与选区交叉。我们在这里选择【新选区】。

- 【羽化】选项中可填入0-250的值,它能软化选区的边缘,数值越大,软化的边缘越宽。我们在这里使用默认的数值0。

- 选择【消除锯齿】选项，以使得选区边缘更平滑。
- 【宽度】选项中可填入1-256的像素值，它可以设置一个像素宽度，【磁性套索】工具只检测从鼠标光标到你指定的宽度距离范围内的边缘。我们在这里使用默认的数值10。
- 【边缘对比度】选项中可填入1-100的百分比值，它可以设置【磁性套索】工具检测边缘图像的灵敏度。如果你要选取的图像与周围的图像之间的颜色差异比较明显(对比度较强)，那么就应设置一个较高的百分数值。反之，对于图像较为模糊的边缘，应输入一个较低的百分数值。我们在这里使用默认的数值10%。
- 【频率】选项中可填入0–100的值，它可以设置此工具在选取时创建关键点的速率。设定的数值越大，标记关键点的速率越快，标记的关键点就越多。当查找的边缘较复杂时，需要较多的关键点来确定边缘的准确性，可采用较大的频率值；当查找的边缘较光滑时，就不需要太多的关键点来确定边缘的准确性，可采用较小的频率值。我们在这里使用默认的数值57。

2

选取完成后，按【Ctrl+C】组合键对人物进行复制(如图5-58所示)。

这样人物就从原照片中提取出来了，相比而言，第二种方法对图像边缘的提取较准确一些，但相应的会增加一些不太精确的斑块等等。

人物提取出来了，下面就是要把人物加到一张新的照片中去，具体步骤如下：

图5-58　对人物进行复制

1

按【Ctrl+O】组合键打开要用的旅游景点照片(如图5-59所示)。

2

按【Ctrl+V】组合键把抽取出的人物粘贴到图像上(如图5-60所示)。

图5-59　打开旅游景点照片

3

按【Ctrl+T】组合键将人物选区缩小为合适的大小，完成后回车确认修改(如图5-61所示)。记住，调整时一定要按住【Shift】键再拖动鼠标，这样才能做到同比例缩小。

图5-60　粘贴人物到图像上

4

拖动人物到图像上合适的位置(如图5-62所示)。这一步是关键，如果摆放位置不好，看上去就会没有真实感。

图5-61　同比例缩小人物　　图5-62　摆放人物位置　　图5-63　选择【去边】

5

执行【图层】-【修改】-【去边】命令，设像素值为1，为人物修边(如图5-63所示)。

6

选择橡皮擦、模糊两个工具对人物进行修饰，使之看起来没有层次差别(如图5-64所示)。

图5-64 修饰工具

7 执行【图层】-【向下合并】命令,合并人物和背景图层(如图5-65所示)。

图5-65 合并人物和背景图层

8 选择 工具,在图像上选取适当的范围。按【Ctrl+C】组合键对选区进行复制(如图5-66所示)。

图5-66 复制选区

9 按【Ctrl+N】组合键新建文件,再按【Ctrl+V】组合键粘贴选择的区域。最终效果如图5-67所示。

图5-67 最终的效果

Part 6　数码照片趣味制作
——提高篇

第一节　烘云托月显精神

第二节　赏心悦目换颜色

第三节　制造梦幻的朦胧美

第四节　藏在玻璃后面的美眉

第五节　个性相框自己做

第六节　自己"发行邮票"

第七节　给照片"人工降雪"

第八节　照片的烧焦效果

第九节　纸张褶皱效果

PART 6 数码照片趣味制作——提高篇

第一节 烘云托月显精神

在实际拍摄时，专业的摄影爱好者往往知道怎样利用长焦距、大光圈和小景深来让背景模糊，从而避免背景喧宾夺主，达到突出主体的效果。如果我们不懂得那么多专业知识，拍出来的照片景物没有主次之分，这个时候怎么办？其实通过照片的后期处理，使非主体的背景部分模糊，完全可以达到同样的效果。具体操作如下。

1 在Photoshop中，打开要处理的照片(如图6-1所示)。

图6-1 打开要处理的照片　　图6-2 建立一个较大的选区

2 选取【套索工具】，在照片的主体部分和下边需要保留的部分建立一个较大的选区(如图6-2所示)。

3 按住快捷键【Ctrl+J】，或是如图6-3所示选取菜单，将选区内的图像复制成为一个新的图层"图层1"，并在【图层】面板上指定背景层为当前层。

图6-3 复制选区成为一个新的图层

4

执行【滤镜】-【模糊】-【高斯模糊】命令,将【半径】滑块拖动到合适的位置,这里选择半径值为6,在预览窗口和图像文件中都可以直接看到模糊的效果,得到满意效果后点击 确定 (如图6-4所示)。

图6-4　高斯模糊　　　　图6-5　载入图像的选区

5

按住【Ctrl】键单击刚才新建的"图层1",载入当前层上图像的选区(如图6-5所示)。

6

在【图层】面板下方单击【添加图层蒙版】图标,可以看到当前层上建立了图层蒙版(如图6-6所示),并进入蒙版编辑状态。在修饰蒙版的过程中,涂抹得不满意的地方可用以白色笔刷重新修回去,然后再反复修饰,直到得到满意的效果为止。

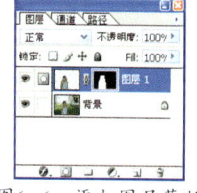

图6-6　添加图层蒙版

7

选取【画笔工具】,将前景色设置为"黑色",笔径大小要适宜,模式为"正常",不透明度为100%,用画笔在照片中主体人物的周围涂抹,可以看到当前层上原本清晰的图像被遮挡住了,露出下层已经做好了的模糊的背景层(如图6-7所示)。

8

在得到清晰的主体后就可以合并图层了(如图6-8所示)。

PART 6
数码照片趣味制作——提高篇

图6-7 处理过程

图6-8 最终的效果

LESSON 2 第二节 赏心悦目换颜色

由于各种原因，一些照片拍摄出来的颜色不能让人满意，照片拍出来以后虽已成事实，但是这些缺陷是能够通过Photoshop来弥补的，接下来就教教大家如何修改照片的颜色。

图6-9 打开需要进行处理的照片

1 打开需要进行处理的照片(如图6-9所示)。

2 执行【图像】-【调整】-【色相/饱和度】命令，弹出【色相/饱和度】对话框，在【编辑】下拉列表中，首先选择【黄色】选项(如图6-10所示)。

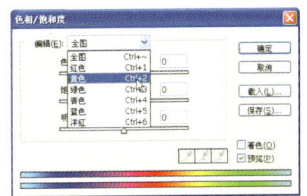

图6-10 【色相/饱和度】对话框

67

3 将【色相】滑块向右拉动，使色相值到+74，首先会看到照片中的黄色被逐渐改变为绿色(如图6-11所示)。

4 此时，图像中有些黄色还非常明显，可以通过增大影响值的方法使其变绿。向左拖动对话框下部的小滑块，使数值从45改为28(如图6-12)。

图6-11 调整【色相】

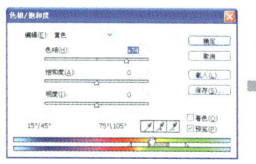 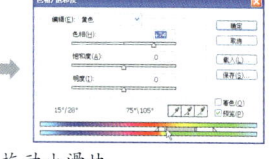

图6-12 拖动小滑块

5 如果照片中的绿色还不够漂亮，可以切换到【绿色】选项，将【饱和度】的滑块适当地向右移动，这样可以提高绿色的饱和度，使照片中的绿色更鲜亮，然后适当提高【明度】值，直到照片中的绿色最漂亮为止(如图6-13)。

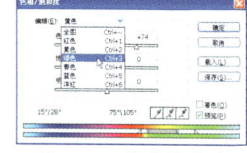

图6-13 提高饱和度

6 选取【缩放工具】，将照片中需要进行修复的部分放大，使用【橡皮擦工具】，在上方的选项栏中选择直径合适的画笔，设置【不透明度】和【流量】全为100%，然后选中【抹到历史记录】复选框(如图6-14所示)。

图6-14 选择直径合适的画笔

8 因为选择了【抹到历史记录】复选框,所以在使用【橡皮擦工具】对人物、道路各部分进行仔细涂擦时,这些部位将恢复到原始状态。如果照片中还有其他部分需要修改,也可以使用这种方法进行涂抹。最终效果如图6-15所示。照片中的颜色经过这样的处理后,是不是更加富有意境了呢?

图6-15 最终的效果

LESSON 3 第三节 制造梦幻的朦胧美

"朦胧"手法多用于人物主题照片,尤其是艺术写真中,它的使用不仅可以增添画面的梦幻感,更能够让主体人物闪耀柔媚的光彩。实现朦胧效果的方法有很多,下面给大家介绍其中的一种。

1 首先打开Photoshop并选择需要加工的照片,在前景图层上点击右键,选择"复制图层"将底层复制一个新图层(如图6-16所示)。

   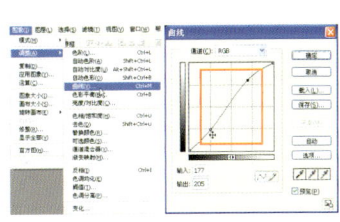

图6-16 复制一个新图层   图6-17 调整曲线

2

新图层,执行【图像】-【调整】-【曲线】命令,或是按【Ctrl+M】调出曲线调整窗口,调整曲线将新图层的对比拉大,然后【确定】(如图6-17所示)。

3

选择【前景/背景色】控制板的■按钮,将背景色设为白色(如图6-18所示)。

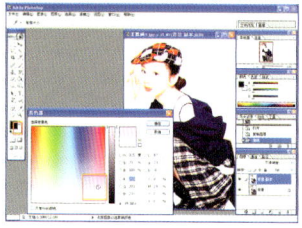
图6-18 设置背景色

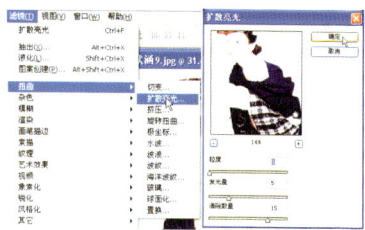
图6-19 设置扩散亮光

4

执行【滤镜】-【扭曲】-【扩散亮光】命令,在弹出的控制窗口中将调整"粒度"为0,"发光量"为5,"清除数量"为15,然后【确定】(如图6-19所示)。

5

执行【滤镜】-【模糊】-【高斯模糊】命令,在弹出的控制窗口选择模糊半径为3.5,然后【确定】(如图6-20所示)。

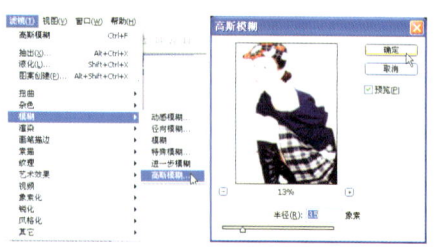
图6-20 设置高斯模糊

图6-21 调整"不透明度"

PART 6
数码照片趣味制作——提高篇

6 选择图层面板中的"不透明度",并根据需要调整不透明度为50%(如图6-21所示)。

7 点击图层面板右上角的 ▶ 图标,在弹出菜单中选择【合并可见图层】,然后保存就大功告成了(如图6-22所示)!

图6-22 合并可见图层

8 最后拿照片前后效果对比看一看,是不是更朦胧更好看了呢(如图6-23所示)?

图6-23 前后效果对比

第四节 藏在玻璃后的美眉

只有别具匠心的照片,才能在经历时光的沉淀后成为经典的记载。你想不想有自己独特个性的照片呢,就像杂志上的封面女郎一样,又酷又靓。那么你就应该在自己的照片上加点特别的,比如说把自己变成"躲在玻璃后面"的女孩,这正是我们这一节要学着动手制作的特效。

1 打开要处理的照片,然后点击矩形选框工具 ▭ ,在图层上拖出一个可以盖住右半边的矩形选区(如图6-24所示)。

图6-24 拖出矩形选区　　图6-25 复制图层

2 在图层面板中右键点击背景图层，选择 通过拷贝的图层 创建副本，或是按【Ctrl+J】创建副本。注意：从图层面板中可以看出，这次做出的副本和以前不一样，只将上一步中选出的区域做成了副本(如图6-25所示)。

3 执行【滤镜】-【模糊】-【高斯模糊】命令，在弹出的窗口中选择模糊半径值为5，然后【确定】(如图6-26所示)。

4 执行【图像】-【调整】-【色彩平衡】命令或按【Ctrl+B】调出【色彩平衡】窗口，在弹出的对话框中将色阶值分别设为-50、+40、+25，就可以在窗口中看出玻璃的颜色(如图6-27所示)。

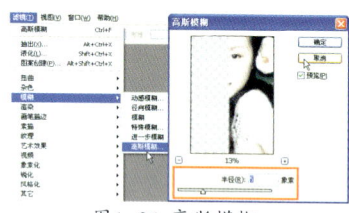 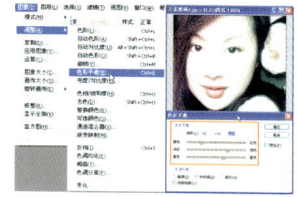

图6-26 高斯模糊　　图6-27 调整色彩平衡

5 执行【滤镜】-【扭曲】-【玻璃】命令，在对话框中设置扭曲度为5，平滑度为1，纹理选为"块"，缩放为69%，在窗口中就可以看到玻璃的块状纹理了(如图6-28所示)。

PART 6
数码照片趣味制作——提高篇

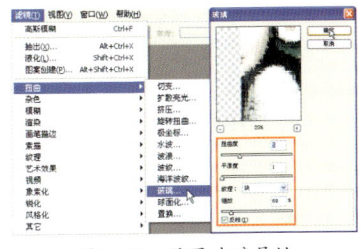

图6-28 设置玻璃属性

图6-29 新建空白图层

6 点击图层面板上的新建图层按钮 ■ 新建一个空白图层，然后选取矩形框工具 ■，在新图层上紧临右侧玻璃边界选一个窄窄的矩形选区，用来当做玻璃的厚度(如图6-29所示)。

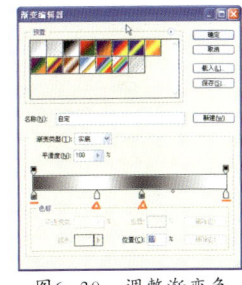

7 选择渐变工具 ■，然后双击属性栏的 ■ 区域，在弹出的对话框中调出如图的渐变色，注意三角标记的那两个色标位置的颜色(如图6-30所示)。

图6-30 调整渐变色

8 按住 ■，在新的图层上按图中的标记方向填充渐变色(如图6-31所示)。

图6-31 填充渐变色

9 按【Ctrl+D】取消选区，在图层控制面板中设置不透明度为27%(如图6-32所示)。

图6-32 设置"不透明度"

10 最终效果如图6-33所示,是不是有点"犹抱琵琶半遮面"的娇羞气质呢?同时也让照片里的美眉蒙上了一层神秘色彩。

图6-33 最终的效果

第五节 个性相框自己做

人们都喜欢把自己得意的照片冲印出来之后,加一个漂亮的相框摆放在桌子上,可是,你有没有想过照片在没冲印之前就可以随心所欲加上自己喜欢的相框呢?可爱的、鲜艳的、个性的或是工整的,你尽管去发挥自己的想像力,创造出自己想要的相框。这一节就是要跟大家一起来学习如何制作个性化的相框,等一等,先想好你想要什么样的相框吧。

1 打开要处理的照片,点击图层面板上的新建图层按钮新建一个空白图层(如图6-34所示)。

图6-34 新建一个空白图层

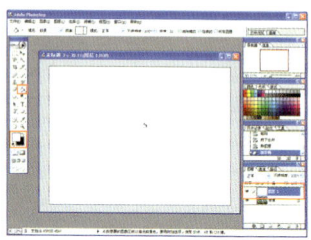

图6-35 填充白色

PART 6 数码照片趣味制作——提高篇

2 选取填充工具 ，填充新图层的颜色为白色(如图6-35所示)。

3 执行【滤镜】-【渲染】-【云彩】命令(如图6-36所示)。

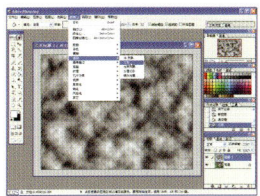
图6-36 选择【云彩】效果

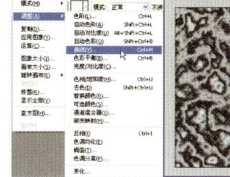
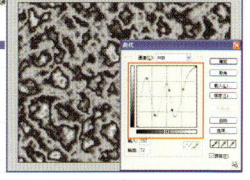
图6-37 调整曲线

4 执行【图像】-【调整】-【曲线】命令或按【Ctrl+M】调出【曲线】窗口，并在对话框中拉出如图所示的曲线(如图6-37所示)。

5 执行【滤镜】-【扭曲】-【玻璃】命令,在对话框中设置扭曲度为7，平滑度为3，纹理选为"画布"，缩放为50%(如图6-38所示)。

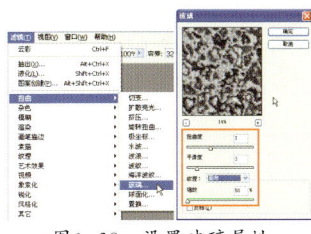
图6-38 设置玻璃属性

图6-39 保存为PSD格式文件和删除图层

6 做好以后，保存为PSD格式文件，为下一步使用，然后点击图层面板上的删除图层按钮 删除刚才的云彩图层(如图6-39所示)。

75

7

再次点击图层面板上的新建图层按钮 ,新建一个空白图层,然后选取填充工具 ,填充新图层的颜色为褐色(如图6-40所示)。

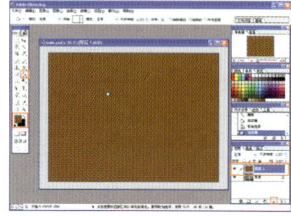 

图6-40 填充褐色　　　　　图6-41 删除选区内颜色

8

选取矩形选框工具 ,在褐色图层上选出一个矩形选区,按【Delete】键删除选区内颜色(如图6-40所示)。

9

按【Ctrl+D】取消选区,在矩形所在的图层上,执行【滤镜】-【扭曲】-【置换】命令,在对话框中设置水平和垂直比例为40%,点击 确定 ,然后找到刚保存的PSD文件,进行置换即可(如图6-42所示)。

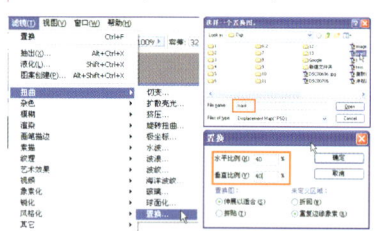 

图6-42 置换文件　　　　　图6-43 特色边框

10

这样,特色边框就做好了(如图6-43所示)。也许你觉得这不是你喜欢的类型,没关系,那么你就充分发挥自己的创造力,做出不同的相框吧。

PART 6 数码照片趣味制作——提高篇

11 你也可以再次执行上一次的"置换"命令,这样边框的效果会更明显(如图6-44所示)。

图6-44 多次"置换"后的边框效果

LESSON 6 第六节 自己"发行邮票"

学到这里,您是不是惊叹小小的Photoshop居然有这么大的本领!先别忙着感慨,它还有更高强的本事呢。平时我们寄信用的邮票和收藏的邮票都是从邮局买的,你一定没想过邮票也可以自己做吧!下面就来教教你如何用照片制作"邮票"的技巧。

1 按【Ctrl+O】组合键,打开需要的图片(如图6-45所示)。

图6-45 打开图片　　图6-46 缩小并拖动图片

2 按【Ctrl+A】组合键全选,将背景色设置为黑色 ▪。然后按【Ctrl+T】组合键缩小图片,直到你满意的尺寸后按下【Enter】键。这个时候不要着急取消选区,将图片拖到正中央,得到图6-46中的效果。

提示

在拖动选区缩放时,要同时按住【Shift】键,这样才能实现同比例缩放,避免出现横纵方向上缩放比例不一致的现象。

3

执行【编辑】-【描边】命令,在弹出的【描边】对话框中按照图6-47所示的方法进行设置,描边的宽度设为20,位置为"居内"。

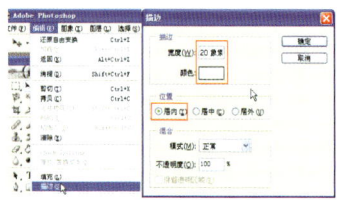

图6-47 设置描边　　图6-48 描边后的效果

4

描边后的效果如图6-48所示。

5

选取【画笔工具】,在【画笔】面板中设置画笔笔尖的形状为尖角笔刷,【硬度】设置为100%,【直径】为9象素,再设置【间距】为146%(如图6-49所示)。

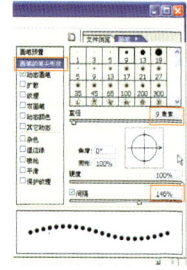

图6-49 设置画笔

6

打开【路径】面板,点击【路径】面板下方的【从选区生成工作路径】按钮,将选区转化为工作路径(如图6-50所示)。

图6-50
从选区生成工作路径

7

将背景色设置为"黑色",右键单击【路径】面板选择【描边路径】菜单项(如图6-51所示)。

8

在弹出的【描边路径】对话框中(如图6-52所示),单击【确定】。

图6-51 描边路径

9 描边后的效果如图6-53所示,到这里,邮票的花边就算制作完成了。

10 选取【横排文字工具】T.,在图像上输入文字,如输入"80分"字样,最终效果如图6-54所示。

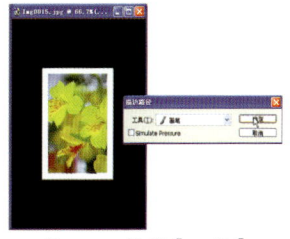
图6-52 设置【工具】

图6-53 描边后的效果

图6-54 最终的效果

怎么样,神奇吧!简单几步制作,你就可以"发行"自己的第一张邮票了,而且邮票的画面还是自己"设计"的呢!赶快动手实践一下吧。

第七节 给照片"人工降雪"

相信一提到雪景,大家就会想到"山舞银蛇,原驰蜡象"这样唯美的画面,可是,不是每个人都见过这样壮观圣洁的雪景的,尤其是住在南方的朋友们是很难见到下雪的,想要得到一张雪景的照片还必须长途跋涉到北方去,不仅耗时费力,还得为旅行费用精打细算。不过,只要你学会了下面这一招,你就可以随时把自己拍的美景"覆盖"上洁白的雪花,"六月飞雪"都不是问题!现在我们就开始"人工降雪"吧!

1

打开要进行处理的图片,这里是一张夏季里的蓝天绿地的照片(如图6-55所示)。

2

照片的色彩不是很鲜艳,执行【图像】-【调整】-【自动对比度】命令,使照片的色彩自然逼真(如图6-56所示)。

图6-55　打开照片　　　　　图6-56　设置【自动对比度】

3

执行【图像】-【调整】-【替换颜色】命令,在【替换颜色】对话框中设置颜色容差值为60,饱和度为71,明度为100(如图6-57所示)。

图6-57　【替换颜色】对话框　　图6-58　选中要替换的颜色

4

在对话框右边有三个吸管图标,选择左边第一个吸管，然后将吸管在草地上任意部位点击一下,这时我们会发现一部分绿色的草地变成了雪白色(如图6-58所示)。

PART 6 数码照片趣味制作——提高篇

5 然后选择中间的吸管 来添加取样，在其他绿草上点击，我们会看到白色的部分增多了，此时可以适当调整颜色容差的值来达到满意的效果，使用第二个吸管按以上的方法将其他你想变成雪白色的部分替换色彩，直至你感觉雪下够了为止（如图6-59所示）。

6 接着执行【图像】-【调整】-【亮度/对比度】命令，设置亮度为2，对比度为10，将对比度加强，增加视觉美感（如图6-60所示）。

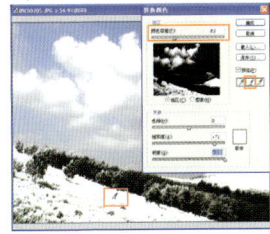
图6-59 添加要替换的颜色

图6-60 调整亮度和对比度

7 "人工降雪"的过程基本完成了，不过冬季雪后的蓝天在色调上应该重于夏季的蓝天，那我们来对它做一些修改。首先用磁性套索工具 在图片上描出天空的轮廓（如图6-61所示）。

图6-61 描出天空的轮廓

图6-62 调整【色相/饱和度】

8 接着执行【图像】-【调整】-【色相/饱和度】命令，设置饱和度为-20，明度为-6。我们会看到天空与地面的白雪色彩谐调了很多(如图6-62所示)。雪景图基本告成！

9 人们都希望在寒冷的冬日看到温暖的阳光,这不仅可以增加照片的生气,更能够让人们的心里感到无比温暖。首先,按【Ctrl+D】取消选区,接着执行【滤镜】-【渲染】-【镜头光晕】命令,并设置亮度为75%,镜头类型为50毫米-300毫米聚焦(如图6-63所示)。

10 雪后天晴的美景就这样在我们的手下诞生了!快来看看最终效果(如图6-64所示),蓝天白雪交相辉映,简直跟真的雪景一模一样。

图6-63 设置【镜头光晕】　　　　图6-64 雪后天晴的美景

第八节　照片的烧焦效果

照片被火烧焦了会是什么样子呢?如果我们把一张色彩明丽的照片变成一张被火烧焦的旧照片,会不会特别很酷呢?别愣着想像了,赶快来动手尝试一下吧!

1 打开要进行处理的图片(如图6-65所示)。

图6-65 打开图片　　　　图6-66 调整【色相/饱和度】

2

执行【图像】-【调整】-【色相/饱和度】命令，设置饱和度为-60，其他的不变(如图6-66所示)。

3

执行【图像】-【调整】-【变化】命令，在弹出的对话框中先点"加深黄色"，再点"加深红色"，最后在右栏中选择"较亮"的一张(如图6-67所示)。

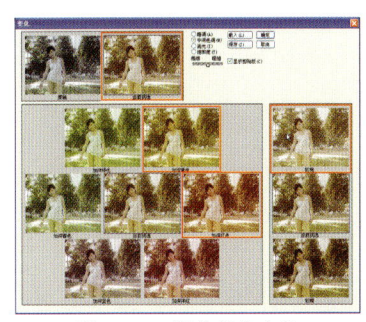

图6-67 调整颜色变化

4

在图层面板中右键点击背景图层，选择 复制图层... 创建副本(如图6-68所示)。

图6-68 复制图层　　　　图6-69 设置【颗粒】

5

执行【滤镜】-【纹理】-【颗粒】命令,在对话框中设置颗粒强度为10,对比度为50,颗粒类型为垂直(如图6-69所示)。

6

点击图层面板上的新建图层按钮新建一个空白图层(如图6-70所示)。

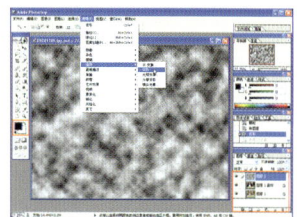

图6-70 新建一个空白图层　　图6-71 设置云彩效果

7

执行【滤镜】-【渲染】-【云彩】命令,效果如图6-71所示。

8

执行【图像】-【调整】-【亮度/对比度】命令,设置亮度为+26,对比度为+100,将对比度设为最大(如图6-72所示)。

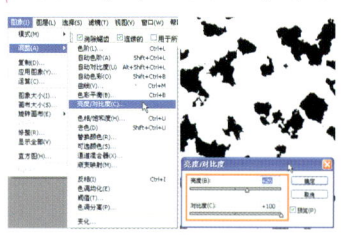
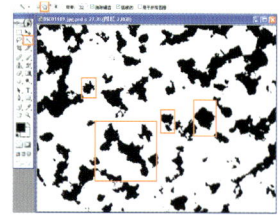

图6-72 设置亮度和对比度　　图6-73 选择黑色斑块

9

点击魔术棒工具,接着选中"添加到选区"模式,在图像中选中一些黑色区域(如图6-73所示)。

10

点掉刚才图层前的眼睛,使其隐藏,然后选中中间的图层对其编辑,可以在图像上看到刚才选出的斑块区域(如图6-74所示)。

11 点击"前景色"的选色板,在"拾色器"窗口中选中褐色(如图6-75所示)。

12 执行【选择】-【修改】-【扩展】命令,并设置扩展量为5(如图6-76所示)。

图6-74 斑块的选区

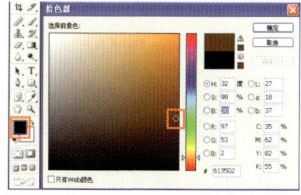

图6-75 选择前景色

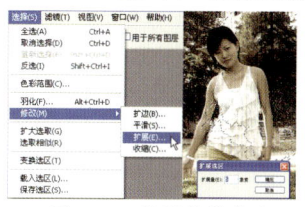

图6-76 设置扩展选区

13 接着执行【选择】-【羽化】命令,设置羽化半径为5(如图6-77所示)。

图6-77 羽化选区

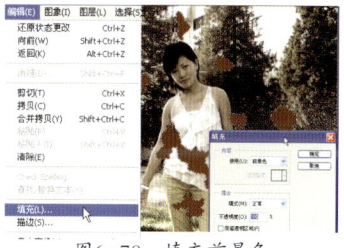

图6-78 填充前景色

14 执行【编辑】-【填充】命令,把刚才选择的前景色填充到选区中(如图6-78所示)。

15 按【Ctrl+D】取消选区,然后点击图层2前的 👁 使图层2可见,然后选中图层2对其编辑(如图6-79所示)。

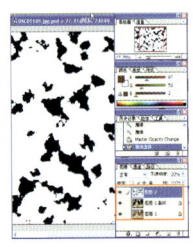 

图6-79 转换图层　　图6-80 选出同样的选区

16

再次点击魔术棒工具，用同样的方法选出选区，为了好辨认，可把图层2的不透明度设为28%，这样就可以辨认出哪些选块是刚才所选的(如图6-80所示)。

17

点掉图层2和图层1前的 ◉，使其隐藏，然后选中间的图层，同样可以在图像上看到刚才选出的选区，按【Delete】键把选区内的颜色删掉(如图6-81所示)。

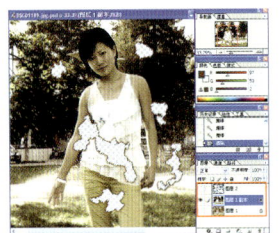 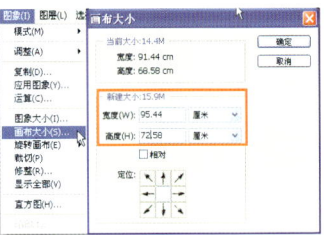

图6-81 去除选区内的颜色　　图6-82 设置画布大小

18

执行【图像】-【画布大小】命令，根据当前大小，把宽度和高度都增大4厘米(如图6-82所示)。

19

点击图层面板上的新建图层按钮新建一个空白图层"图层3"，并把"图层3"置于"图层2"的上面，把前景色设为土黄色，然后选中填充工具把新图层填充为土黄色(如图6-83所示)。

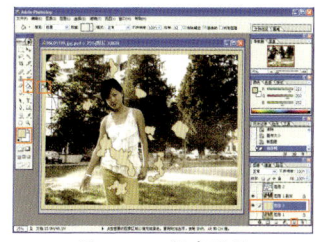
图6-83　新建图层

图6-84　添加投影

20

选中"图层1副本"图层，然后执行【图层】-【图层样式】-【投影】命令(如图6-84所示)。

21

在图层样式的【投影】对话框中，设置不透明度为50%，距离设为7像素，扩展设为2%，大小设为10像素(如图6-85所示)。

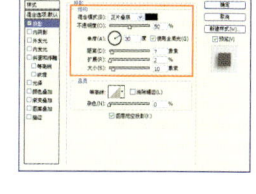

图6-85　投影对话框

22

最后按【Shift+Ctrl+E】合并所有可见图层即大功告成，最终效果如图6-86所示，与色彩明亮的彩色照片相比，乍看之下，这张经过"焚烧"的照片有着浓郁的复古气息和张扬的个性色彩。

图6-86　最终的效果

LESSON 9　第九节

纸张褶皱效果

这一节我们要创作的褶皱效果，就是将一张纸揉得皱皱的再摊开来的样子。你可能会有不少办法来达到这样的目的，但现在，我们只需花三分钟就能仿造出这样的效果,你相信吗?如果你想到了Photoshop中的置换滤镜,OK!你已经得到要领了,那剩下的就只是动手制作的过程了。

1 首先,在Photoshop中打开要加工的图像。这里,我们选择了一张美元纸钞的图像(如图6-87所示)。

图6-87 打开纸钞的图像

2 先将背景图层转换为普通图层,执行【图层】-【新建】-【背景图层】命令,或直接在背景层上双击左键,在弹出的新图层对话框中保持默认设置,这样背景层就转换为了图层0(如图6-88所示)。

图6-88 背景图层转换为普通图层

3 执行【图像】-【画布大小】命令,根据当前大小,把宽度和高度都增大2厘米,使图像周围有一定空余(如图6-89所示)。

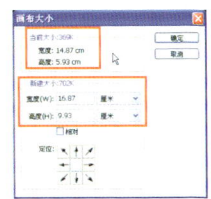
图6-89 调整画布大小

4 点击图层面板上的新建图层按钮 新建一个空白图层"图层1"(如图6-90所示)。

图6-90 新建空白图层

5 执行【滤镜】-【渲染】-【云彩】命令,效果如图6-91所示。

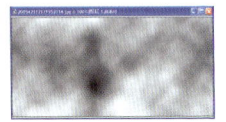
图6-91 【滤镜】—【云彩】

PART 6
数码照片趣味制作——提高篇

6 接下来，执行【滤镜】-【渲染】-【分层云彩】命令，多执行几次，直到图像较为均匀为止。你可以用快捷键【Ctrl+F】，连续执行同一设置的滤镜。图6-92是执行了7次【分层云彩】命令的效果图。

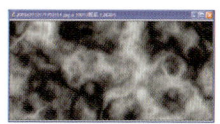

图6-92
【滤镜】—【分层云彩】

7 执行【滤镜】-【风格化】-【浮雕效果】命令，将角度设为-45度，高度为1像素就够了，数量设为500%。这样会使图像呈现出逼真的褶皱立体效果(如图6-93所示)。

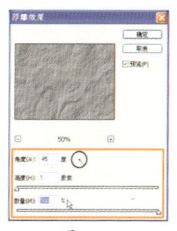

图6-93
【滤镜】—【浮雕效果】

8 右键单击图层面板中的"图层1"，在弹出的菜单中选择"复制图层"项复制刚才的褶皱效果图层为"图层1副本"，执行【滤镜】-【模糊】-【高斯模糊】命令，在打开的【高斯模糊】对话框中，将模糊半径设为3.5像素，这样做的目的就是使置换后的图像不会出现很夸张的扭曲(如图6-94所示)。

图6-94
设置【高斯模糊】

9 按【Ctrl+S】将它另存为PSD格式文件"皱纹"，点掉"图层1"和"图层1副本"前的 👁，使其暂时隐藏，并确定当前的目标层为"图层0"(如图6-95所示)。

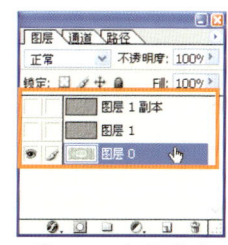

图6-95 切换图层

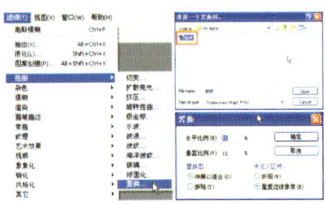 

图6-96　置换文件　　　　图6-97　扭曲效果

10

执行【滤镜】-【扭曲】-【置换】命令,在对话框中设置水平和垂直比例为10%,点击 确定 ,然后找到刚保存的PSD文件"皱纹",进行置换即可(如图6-96所示)。

11

可以看到,"图层0"出现了轻微的扭曲(如图6-97所示)。

12

在做过上一步的置换之后,图像的扭曲效果可能不太明显。按住【Ctrl】键,点击"图层0",载入"图层0"的不透明度区域(如图6-98所示)。

图6-98　载入不透明度区域

13

执行【选择】-【反选】命令,或是按【Shift+Ctrl+I】快捷键反选,点击"图层1"前的 显示并选择"图层1",按【Delete】键把选区内的颜色删掉后按【Ctrl+D】快捷键取消选择(如图6-99所示)。

图6-99　反选后删掉颜色

14

在图层面板中,将"图层1"移动到"图层0"之下。选择"图层0",将其图层混合模式改为"叠加"(如图6-100所示)。

图6-100 调整图层混合模式

图6-101 明显的褶皱效果

15

再来看看你的图像,褶皱的效果已经很明显了(如图6-101所示)。

图6-102 创建调整图层

16

根据常识,褶皱到如此程度的纸张颜色不会这么明亮鲜艳,相比要灰旧很多。所以,我们在图层面板上选取"图层1"为当前图层,点击下方的创建新的调整图层按钮,在下拉菜单中选中【色相/饱和度】来创建一个新的调整图层(如图6-102所示)。

17

在弹出的【色相/饱和度】对话框中勾选【着色】选项,将色相、饱和度、明度分别设为35、5、-15,通过预览可以看到颜色的效果(如图6-103所示)。

图6-103 设置【色相/饱和度】

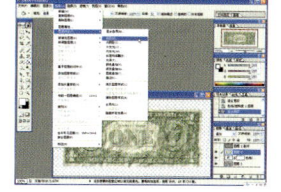

图6-104 执行投影命令

18

选中"图层0"图层,然后执行【图层】-【图层样式】-【投影】命令(如图6-104所示)。

19

在图层样式的投影对话框中,设置不透明度为50%,距离设为7,扩展设为2%,大小设为10(如图6-105所示)。

20

浏览效果图,如果你还认为褶皱不够的话,可以显示"图层1副本",将其"叠加"到"图层0"上即可。具体操作如下:按住【Ctrl】,点击"图层0",载入"图层0"的不透明区域(如图6-106所示)。

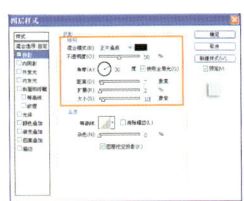

图6-105 设置投影参数　　图6-106 载入不透明区域

21

执行【选择】-【反选】命令,或是按【Shift+Ctrl+I】快捷键反选,点击"图层1副本"前的 ● 显示并选择"图层1副本",按【Delete】键把选区内的颜色删掉后按【Ctrl+D】快捷键取消选择。最后在图层面板中,将其图层混合模式改为"叠加"(如图6-107所示)。

图6-107 设置图层混合模式

图6-108　新建白色图层

22

最后按【Shift+Ctrl+E】合并所有可见图层，新建一个空白图层，填充为白色，把新图层拖到刚合并的图层下作为背景即大功告成(如图6-108所示)。

23

对比看一下效果(如图6-109所示)，一张崭新的纸币就这样被"揉"皱了，这种特效我们同样可以用在照片中。

图6-109　最终效果对比

Part 7 数码照片趣味制作
——化妆篇

第一节　彩色隐形眼镜 ①

第二节　彩色隐形眼镜 ②

第三节　修出翘密的睫毛

第四节　黑白照片上彩妆

第五节　多彩秀发变变变

第六节　酷酷的数码纹身

PART 7
数码照片趣味制作——化妆篇

第一节 彩色隐形眼镜①

隐形眼镜以它的轻薄方便取代了传统的厚重的"瓶底"镜片，曾经在年轻人中掀起过一阵不小的眼镜"变革"。时下，隐形眼镜再度成为时尚流行的焦点，这次的主角是目前最酷最炫的彩色隐形眼镜，它通过改变你眼球的颜色来打造百变时尚的你张扬的你、搞怪的你、可爱的你、深沉的你……是不是让你很心动呢？你不用急着往眼镜店跑，稳稳地坐下来，现在就来教你如何给普通照片里的你"戴上"彩色隐形眼镜，让你想表现哪种风格的你就表现哪种风格的你！

1 首先启动Photoshop并打开需要加工的照片(如图7-1所示)。

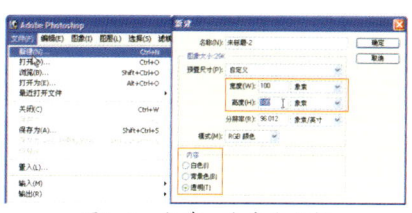

图7-1 打开照片　　图7-2 新建一个空白文档

2 按【Ctrl+N】或执行【文件】-【新建】命令新建一个空白文档，在选项中选择背景为透明色，这样以便于接下来选取，设置如图7-2所示。

3 选取【画笔工具】，在空白画布上画一个圆，颜色大致是你想要的眼睛的颜色(如图7-3所示)。

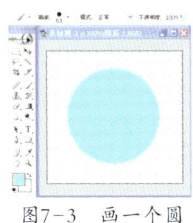
图7-3 画一个圆

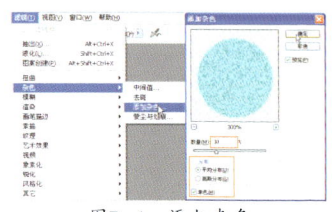
图7-4 添加杂色

4

点击魔术棒工具，选取整个圆，然后执行【滤镜】-【杂色】-【添加杂色】命令，在弹出的对话框中将【数量】滑块拖动到合适的位置，在预览窗口和图像文件中都可以直接看到添加杂色后的效果，得到满意效果后单击 确定 (如图7-4所示)。

5

执行【滤镜】-【模糊】-【径向模糊】命令，将【数量】滑块拖动到45或其他数值以得到你想要的效果，"模糊方法"选择"缩放"，操作如图7-5所示。

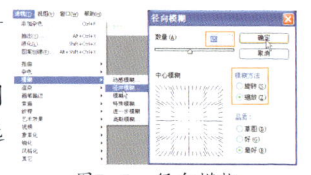
图7-5 径向模糊

6

此滤镜的作用就是产生人眼球的辐射效果，如图7-6中的左图所示。接下来，选择橡皮擦工具，把画笔的笔尖大小设为28，不透明度设为20%，在圆形中心擦出瞳孔大小的形状，如图7-6中的右图所示。

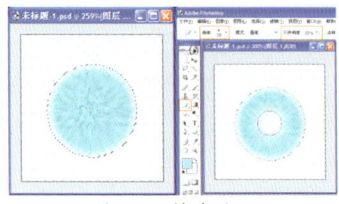
图7-6 擦出瞳孔

图7-7 调节隐形眼镜的大小

PART 7 数码照片趣味制作——化妆篇

7 把上图得到的结果复制到需要处理的照片上,选择【移动工具】,并选中"显示定界框"选项,以调节隐形眼镜的大小(如图7-7所示)。

8 将隐形眼镜的大小调整为和眼睛的大小一样,然后点击图层隐藏按钮 把隐形眼镜的图层隐藏(如图7-8所示)。

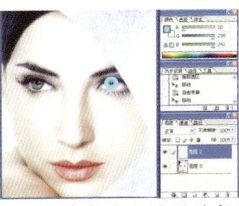

图7-8 隐藏隐形眼镜的图层　　图7-9 擦去瞳孔周围的颜色

9 选中背景图层进行编辑,然后选择橡皮擦工具,把画笔的笔尖大小设为3,不透明度设为20%,把瞳孔周围的颜色擦去(如图7-9所示)。

10 切换回隐形眼镜的图层对其编辑,用橡皮擦工具把超出眼睛的部分也擦掉,并把此图层"线性加深"(如图7-10所示)。

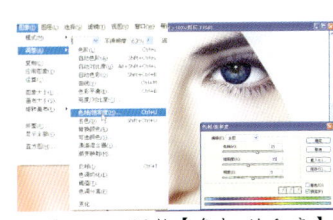

图7-10 线性加深图层　　图7-11 调整【色相/饱和度】

11 执行【图像】-【调整】-【色相/饱和度】命令,或是按快捷键【Ctrl+U】,在设置对话框中把色相调为+15,饱和度调为-15,即可得到深邃的蓝色眼睛(如图7-11所示)。

12 最后，把另外一只眼睛也用上述同样的方法处理，处理好之后，我们来对比看看效果(如图7-12所示)，是不是很有异域的情调呢？

图7-12　对比效果

LESSON 2 第二节 彩色隐形眼镜②

其实，上节的彩色隐形眼镜制作方法并不是唯一的，还有另外一种能让眼睛变色的快速方法，但是要论精细程度，第二种方法比第一种稍稍欠缺一点，不过比第一种要简便快捷，这里也向大家介绍一下。

1 首先启动Photoshop并打开需要加工的照片，这里为了让大家方便对比效果，仍然用上节里的照片(如图7-13所示)。

图7-13
打开需要加工的照片

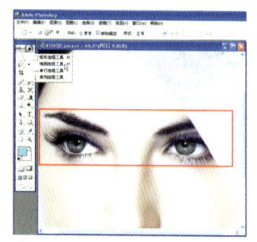

图7-14　画一个眼睛选区

2 选中"椭圆选框工具"○，先在人物的一只眼上画一个选区，大小要比眼睛大(如图7-14所示)。

PART 7 数码照片趣味制作——化妆篇

3

再点上方"添加到选区"按钮,然后把另一只眼睛也用一个圆圈起来,这样,整个选区就把两只眼睛都选中了(如图7-15所示)。

图7-15 添加选区

图7-16 拷贝新的图层

4

在选区上点右键,选取"通过拷贝的图层"命令把选区里的图像复制成一个新的图层(如图7-16所示)。

5

选中新的图层,执行【图像】-【调整】-【色相/饱和度】命令,或是按快捷键【Ctrl+U】,在设置对话框选中"着色"选项,色相调为218,饱和度调为35,明度为11,这样同样也有蓝色眼睛的效果(如图7-17所示)。

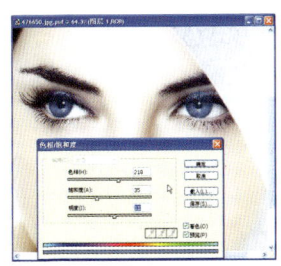

图7-17 调整【色相/饱和度】

图7-18 蓝色的隐形眼镜

6

把眼睛周围不自然的彩色擦掉,蓝色的隐形眼镜也就做好了(如图7-18所示)。

第三节 修出翘密的睫毛

"睫毛膏"是每个美眉的化妆包里必不可少的"漂亮武器",它能让你本来就清纯透亮的眼睛立刻电力十足。可是许多美眉都会有这样的困扰,拍照前明明精心地涂了睫毛膏,可是拍出的照片里却看不出那种卷翘浓密的睫毛效果,自己的一番精心妆扮全白费了。不要气馁,现在马上教你一招,让你从此告别这种烦恼,做一个名副其实的电眼美女,准备好了吗?

1

打开"画笔"的窗口面板,如同其他的控制面板一样,拖动 画笔 标签可以把此面板单独拖出来(如图7-19所示)。

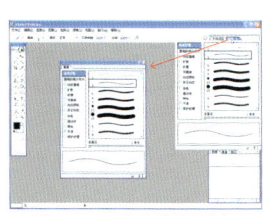 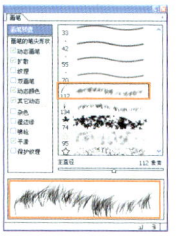 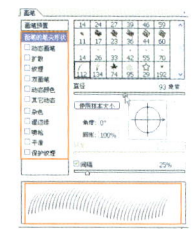

图7-19 "画笔"面板　图7-20 笔尖形状　图7-21 睫毛的形状

2

向下拉动滚动条,可以看到一个像"杂草"一样的笔尖形状,它就是我们要用的睫毛的原型啦(如图7-20所示)。

3

点击 画笔的笔尖形状 可以对笔尖选项进行设置,我们取消所有的选项,会发现睫毛的形状已经出来了。(如图7-21所示)

4

仔细观察会发现，现有的睫毛的形状只能用于一只眼睛，所以我们要新建另一个与之对应的画笔形状。首先，新建一个112像素×112像素的空白文档，然后用此画笔形状画出一根睫毛(如图7-22所示)。

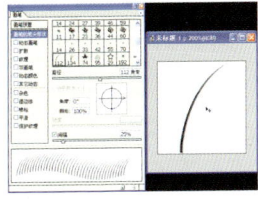
图7-22　画出一根睫毛

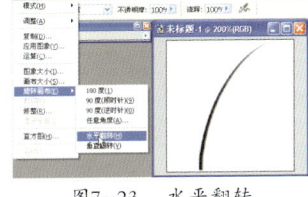
图7-23　水平翻转

5

执行【图像】-【旋转画布】-【水平翻转】命令，使图像水平翻转(如图7-23所示)。

6

执行【编辑】-【定义画笔】命令，把图像定义为一个新的笔尖形状(如图7-24所示)。

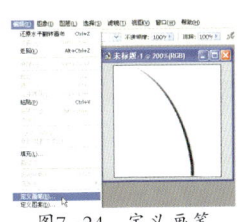
图7-24　定义画笔

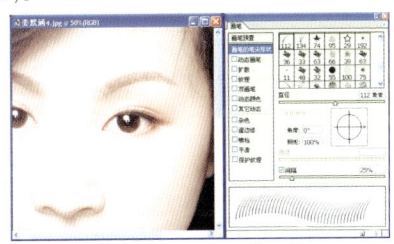
图7-25　调出画笔面板

7

下面就可以开始给眼睛画漂亮的睫毛了。首先打开一张合适的图片，我们可以看到图片中美女的睫毛不是太明显，让她本来很漂亮的大眼睛失神了不少。马上就来补救吧，调出画笔面板，点击"图层"面板下方的新建一个空白图层(如图7-25所示)。

8

首先选择新生成的画笔形状来画左眼的上睫毛，"直径"用来调节长度，带箭头的圆可以调节睫毛的角度，画睫毛时要注意睫毛有长有短，并且方向也在变化，要随时调节，边调边画(如图7-26所示)。

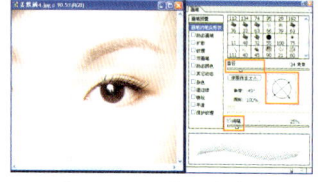 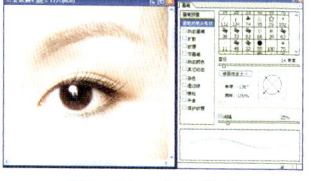

图7-26　调节画笔参数　　　　图7-27　画下睫毛

9

接着选择原来的画笔形状来画左眼的下睫毛，方法同上(如图7-27所示)。

10

另外一只眼睛也用同样的方法画上睫毛，就大功告成啦！快来看一看最终效果，有了翘密的睫毛后的眼睛是不是比原来更有神了呢(如图7-28所示)。

图7-28　最终的效果

LESSON 4　第四节

黑白照片上彩妆

在只有黑白照片的年代，要想得到一张彩色照片，就得对照片进行人工染色，这种方法不仅费时费力，最后得到的效果也是极不自然。现在有了Photoshop，给黑白照片染色再也不是一件难事，而且效果绝对逼真。

PART 7
数码照片趣味制作——化妆篇

1 首先打开Photoshop，并选择需要加工的照片(如图7-29所示)。

图7-29 选择需要加工的照片

图7-30 挑选肤色

2 选择前景色的调色板，挑选出接近人物肤色的颜色，可以选稍微比正常肤色重一点的颜色(如图7-30所示)。

3 点击"图层"面板的 按钮，新建一个空白图层，然后选择"画笔工具"，调整笔尖大小后在新图层上描画出皮肤的范围。这一步相当于女孩子化妆时的上粉底，只有上好粉底，才能保证整个妆容的自然呈现(如图7-31所示)。

图7-31 描画出皮肤的范围

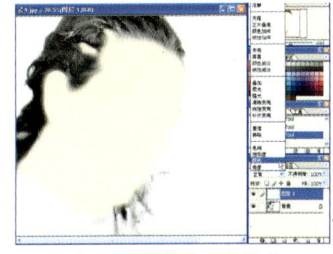

图7-32 图层混合模式

4 精确描画出所有的皮肤范围之后，执行【图层】-【图层混合模式】-【颜色】命令(如图7-32所示)。

103

5

是不是已经有了皮肤颜色的效果了呢,不过,千万别忘了用"橡皮擦"擦去眼睛的黄色(如图7-33所示)。

图7-33 擦去眼睛的黄色

图7-34 画唇彩

6

接下来,就是画彩妆了。第一步是画唇彩,先选取喜欢的唇彩的颜色,再点击"图层"面板的按钮,新建一个空白图层,然后选择"画笔工具",调整笔尖大小后在新图层上描画出嘴唇的形状(如图7-34所示)。

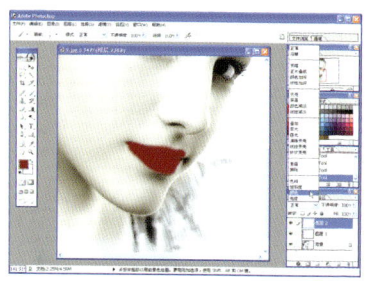
图7-35 图层混合模式

7

当唇形描绘完后,同样点击"图层"面板上部的"图层混合模式"中的"颜色"命令(如图7-35所示)。

图7-36 【滤镜】-【高斯模糊】

8 靓丽的唇彩是不是奇迹般的出现了！为了使颜色更逼真，执行【滤镜】-【模糊】-【高斯模糊】命令，在弹出窗口中选择模糊半径为6.3。模糊后的唇彩是不是更自然了呢(如图7-36所示)。

9 下一步是眼影和腮红，在现代彩妆中，这两样可是具有举足轻重的作用哦。同上，首先还是新建一个空白图层，然后选择眼影的颜色，并在眼睛周围画出轮廓。这里我们选择很多美眉都钟爱的绿色作为眼影的颜色(如图7-37所示)。

 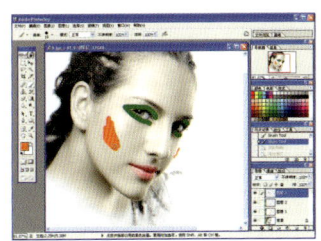

图7-37　画出眼影的轮廓　　　　图7-38　脸颊两侧画两条曲线

10 然后选择腮红的颜色，在脸颊两侧画两条曲线，(如图7-38所示)。看到这里，精通化妆技巧的朋友肯定要急得大喊"妆不是这个样子画的！"是不是看起来挺搞笑的，别急，马上就知道用途了。

11 执行【滤镜】-【模糊】-【高斯模糊】命令，这次设置模糊半径为30，通过预览，可以看到曲线不见了，眼影和腮红出现了(如图7-39所示)。

图7-39　高斯模糊

12 是不是颜色有点太重了，接下来同样点击"图层"面板上部"图层混合模式"中的"颜色"命令，自然亮丽的彩妆就初步完成了(如图7-40所示)。

图7-40 图层混合模式

13 最后用"橡皮擦"工具擦去眼睛中和其他边缘的杂色，也可以用 减淡工具 的高光功能对部分地方加亮。另外，指甲和衣服也是可以"大做文章"的地方，充分发挥你的想像力，过一过做化妆师的瘾吧。前后对比的效果如图7-41所示。

图7-41 前后对比的效果

第五节 多彩秀发变变变

很多年轻的朋友都觉得彩色的头发比黑色的头发更加青春靓丽，并且富有个性，但是由于各种各样的原因所限制，有些朋友不能够实现到美发店染发的愿望。不用灰心，虽然自己不能染发，可是你可以用Photoshop给自己的照片"染发"啊。把自己"染发"后的靓照寄给朋友或者同学，也许你会让他们大吃一惊

PART 7
数码照片趣味制作——化妆篇

地发现一个完全不同平常的你哦！心动了吧，快来看看下面给照片上的你"染发"的诀窍吧。

1 启动Photoshop，打开你要修改的照片文件(如图7-42所示)。

图7-42 打开文件　　图7-43 复制图层

2 在背景图层上单击右键，选择【复制图层】(如图7-43所示)。

3 打开【滤镜】菜单项下的【抽出】对话框(如图7-44所示)。

图7-44 【抽出】对话框

4 然后选择 🔍 工具在要选取的头发上拖出一个矩形区域使其放大显示(如图7-45所示)。

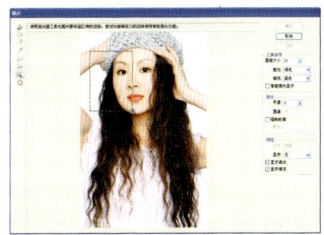 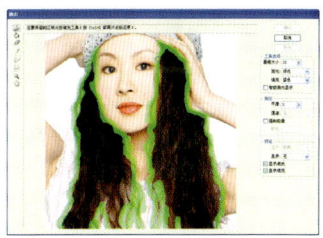

图7-45 放大图像　　图7-46 创建高光区域

5 选择 ✏ 工具，在对话框右侧调整【画笔大小】并选中【智能高光显示】复选框，然后沿着要选取的头发的边缘拖动鼠标创建高光区域(如图7-46所示)。

图7-47 填充闭合区域　　　图7-48 选取的头发的效果

6

沿着要选取的头发创建闭合区域后选择🪣工具，在闭合区域中单击鼠标进行填充(如图7-47所示)。

7

单击 预览 按钮查看已经选取的头发的效果，满意后单击 确定 按钮(如图7-48所示)。

8

按住【Ctrl】键单击【背景副本】图层载入选定范围(如图7-49所示)。

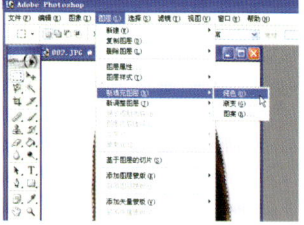

图7-49 载入选定范围　　　图7-50 选择【纯色】

9

执行【图层】-【新填充图层】-【纯色】命令(如图7-50所示)。

10

在弹出的对话框中将【模式】设置为【颜色】，然后单击【确定】按钮(如图7-51所示)。

PART 7
数码照片趣味制作——化妆篇

图7-51 设置【模式】

图7-52 选择色彩

11
在弹出的拾色器对话框中的色彩(如图7-52所示)。

12
设置完成后单击 确定 按钮,即得到多彩的"染"发效果(如图7-53所示)。与原先的照片相比,是不是另有一番视觉享受呢。

图7-53 最终效果

LESSON 6 第六节 酷酷的数码纹身

现如今,人体彩绘已经被越来越多的时尚青年所青睐,尤其是爱漂亮的女孩子们,更是希望用不同的彩绘来表现自己的个性魅力。今天我们就来做一个小小的数码纹身,希望能把人体彩绘的步骤教给大家,让大家充分发挥自己的想像力,去练习创作自己的人体彩绘作品,让你的朋友为你的创造而惊叹吧。

1

在Photoshop中打开一张人物照片和你想要彩绘的图案(如图7-54所示)。这里选择的彩绘图案是一朵鲜艳的玫瑰花。

图7-54 打开人物照片和玫瑰花照片　　图7-55 反选出玫瑰花的形状

2

选取魔术棒工具，在玫瑰花的照片上点击周围的白色区域，然后执行【选择】-【反选】命令，或是按【Shift+Ctrl+I】快捷键反选出玫瑰花的形状(如图7-55所示)。

3

选取移动工具，然后移动选中的玫瑰花图案到人物照片上。另一种方法就是在玫瑰花图片上按【Ctrl+C】复制选区内的图案，然后到人物图案上按【Ctrl+V】粘贴图案(如图7-56所示)。

4

这样，我们就把"彩绘"的图片置入到人物照片的图层上了，然后在属性栏中勾选 显示定界框，调整图案大小，摆好位置(如图7-57所示)。

图7-56 粘贴图案　　　　　　图7-57 调整图案大小

5

选取矩形选框工具,选中"背景"图层为当前操作图层,然后在"彩绘"图案周围画一个矩形选框,选中背景图层中的一块矩形皮肤,按【Ctrl+C】复制选区内的皮肤图案(如图7-58所示)。

图7-58 画一个矩形选框

6

点击"图层"面板下的新建图层按钮新建一个空白图层"图层2",然后按【Ctrl+V】粘贴刚才复制的皮肤图案(如图7-59所示)。

7

点击 通道 面板,选中红色通道,按【Ctrl+L】调出色阶调整面板,按图中的方式设置色阶,使对比度增加(如图7-60所示)。

图7-59 复制图层

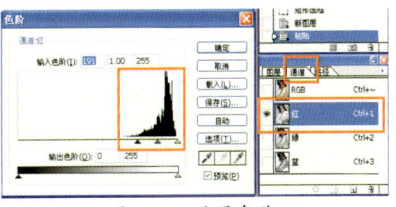

图7-60 设置色阶

8

对比度增加,皮肤会变得粗糙,需采用高斯模糊进行柔化。执行【滤镜】-【模糊】-【高斯模糊】命令,在弹出窗口中选择模糊半径为3像素,然后"确定"(如图7-61所示)。

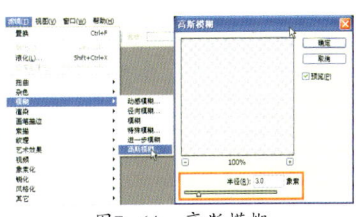

图7-61 高斯模糊

9 选中绿色通道，按照上面同样的方法处理绿色通道：调整色阶和进行高斯模糊(如图7-62所示)。

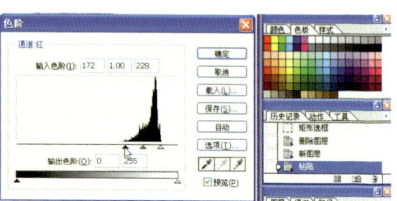

图7-62 设置色阶

10 然后只选中蓝色通道，按【Ctrl+A】全选，设置前景色为白色，执行【编辑】-【填充】命令填充前景色(如图7-63所示)。

图7-63 填充前景色　　图7-64 保存为PSD格式文件

11 选取RGB通道，换回图层面板。右击图层面板中的"图层2"，在弹出的菜单中选择"复制图层"项，在弹出的窗口中，选择文档类型为"新建"，名称取为"置换"，点击"确定"后会生成一个只有此图层的文件，按【Ctrl+S】保存为PSD格式文件，如图7-64所示。

12 点掉"图层2"前的 👁，使其隐藏，然后选中彩绘玫瑰花图案所在的图层"图层1"，执行【滤镜】-【扭曲】-【置换】命令，在对话框中设置水平和垂直比例为10%，点击 确定 ，然后找到刚保存的PSD文件，进行置换即可(如图7-65所示)。

PART 7
数码照片趣味制作——化妆篇

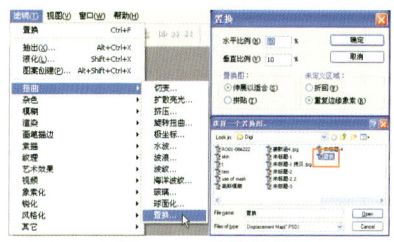

图7-65 置换文件

图7-66 设置不透明度

13

这时你会惊奇地发现,"彩绘"层不再是平平地趴着了,而是变得符合皮肤的性状和纹理了。在图层面板中设置不透明度为35%,这时图案的光线也有了明暗的变化(如图7-66所示)。

14

最终效果如图7-67所示,这里只是把方法给大家讲清楚了,大家可以亲自动手试一试其他彩绘图案,比如可以把一只可爱的小动物描绘在胳膊上等等。

图7-67 最终的效果

Part 8 数码照片趣味制作
——艺术效果篇

第一节　　黑白艺术照片效果

第二节　　老电影效果

第三节　　铅笔淡彩人像画效果

第四节　　人物素描效果①

第五节　　人物素描效果②

第六节　　风景水粉画效果

第七节　　国画效果

第八节　　水彩画效果

第九节　　油画效果

PART 8 数码照片趣味制作——艺术效果篇

LESSON 1 第一节 黑白艺术照片效果

生活是五彩斑斓的,我们已经习惯了彩色的影像世界。但是与彩色摄影一样精彩的黑白照片依旧在摄影中占有很重要的一席之地,用黑白色调表现的照片有时候反而给人一种艺术感。现在我们就试着借助Photoshop来把彩色照片改成黑白照片。

  启动Photoshop,打开需要的图片(如图8-1所示)。

 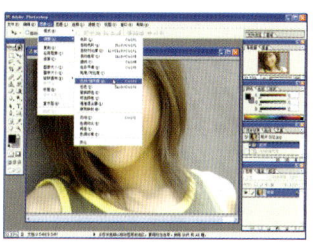

图8-1 打开图片　　　　图8-2 选择【色调/饱和度】

执行【图像】-【调整】-【色调/饱和度】命令(如图8-2所示)。

在弹出的设置窗口中,将【饱和度】滑块调到最左边。(如图8-3所示),这么简单就搞定啦!

图8-3 设置【饱和度】

4 如果觉得色彩有点太单调的话，还可以做进一步设置(如图8-4所示)。

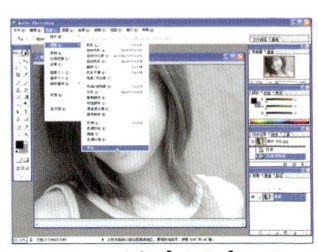

图8-4 选择【变化】工具

5 在弹出的窗口中，我们可以看到可以对当前图加深黄、绿、青等颜色，直接点击样图就可添加(如图8-5所示)。

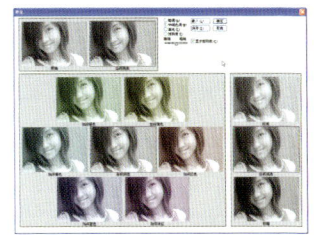

图8-5 添加颜色

6 找到你喜欢的颜色，点【确定】来看一看吧。图8-6所选的是黄色和红色的混合，比起彩色照片来，处理后的照片是不是多了一些怀旧色彩呢。

图8-6 最终的效果

第二节 老电影效果

《地道站》、《小兵张嘎》……许多这样的老电影让我们无限怀念。记得老电影的画面效果吗？那种画面闪烁的感觉，虽然远远不如现在的DVD清晰，可是那代表的是历史，是曾经的时代。

PART 8
数码照片趣味制作——艺术效果篇

有没有想过把你的照片做成老电影里的"剧照"效果呢？这真是个与众不同的想法，但这并不是幻想，下面就让我们借助Photoshop来做一回老上海的"电影明星"罢。

1 打开要处理的照片，在图层面板中右键点击背景图层，选择 复制图层... 创建副本(如图8-7所示)。

图8-7 复制图层

2 执行【滤镜】-【杂色】-【添加杂色】命令，添加杂色时设置数量为7%，分布"为高斯分布"(如图8-8所示)。

图8-8 添加杂色

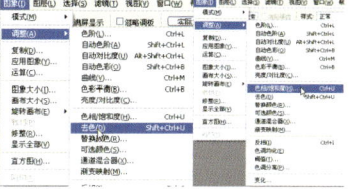

图8-9 【去色】和【色相/饱和度】

3 执行【图象】-【调整】-【去色】命令或按【Shift+Ctrl+U】去色，然后执行【图像】-【调整】-【色相/饱和度】命令或按下【Ctrl+U】调整图层的颜色(如图8-9所示)。

4 在【色相/饱和度】对话框中，选中"着色"选项，设置色相值为55，饱和度值为20，明度值为0 (如图8-10所示)。

图8-10 设置【色相/饱和度】

117

5 接下来点击图层面板上的新建图层按钮 新建一个空白图层,选择单列选框工具,

6 然后执行【编辑】-【描边】命令,在弹出的对话框中设置描边的宽度为1像素(如图8-12所示)。

图8-11 随意选出几条直线

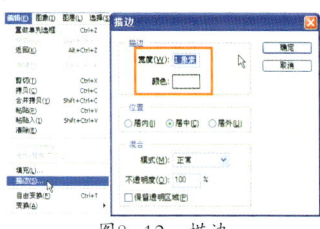

图8-12 描边

图8-13 设置图层混合模式

7 最后设置图层混合模式为"柔光",这样就OK了(如图8-13所示)。

8 最终的效果如图8-14所示。

图8-14 最终的效果

第三节 铅笔淡彩人像画效果

我们都喜欢把自己得意的靓照用相框装起来,摆放在书桌上或是悬挂在卧室的墙上,可是照片看久了是不是就有点儿缺乏新意

了呢？现在就动动手把你的照片变成一件艺术品吧，设想一下，一幅洋溢着艺术格调的铅笔淡彩画摆放在屋里，定会让客人们羡慕的眼光聚焦，为自己赚足面子！还迟疑什么呢？

1 首先，打开一张照片(如图8-15所示)。

2 在图层面板中右键点击背景图层，选择 复制图层... 创建副本，用此方法复制3个相同的图层，名字默认为"背景副本"、"背景副本2"、"背景副本3"(如图8-16所示)。

3 选择"背景副本"图层，执行【滤镜】-【风格化】-【查找边缘】命令，可以看到人物的边缘轮廓都显现出来了(如图8-17所示)。

图8-15　打开照片　　图8-16　复制图层

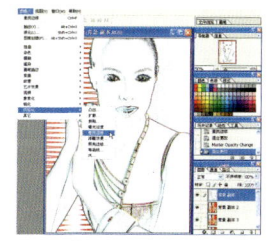

图8-17　【滤镜】—【查找边缘】　　图8-18　设置图层混合模式

4 把"背景副本"的图层混合模式设置为"柔光"，不透明度设为65%(如图8-18所示)。

5 选择"背景副本2"图层,执行【滤镜】-【素描】-【粉笔和炭笔】命令,设置"炭笔区"的值为10,"粉笔区"的值为10,"描边压力"值为1(如图8-19所示)。

6 把"背景副本2"的图层混合模式设置为"屏幕",不透明度为35%(如图8-20所示)。

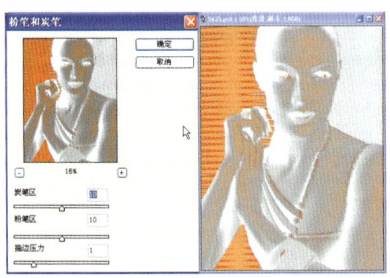

图8-19 设置【粉笔和炭笔】参数　　图8-20 设置图层混合模式

7 选择"背景副本3"图层,以黑色为前景色、白色为背景色,执行【滤镜】-【素描】-【炭笔】命令,设置"炭笔粗细"的值为3,"细节"的值为10,"明/暗平衡"值为1(如图8-21所示)。

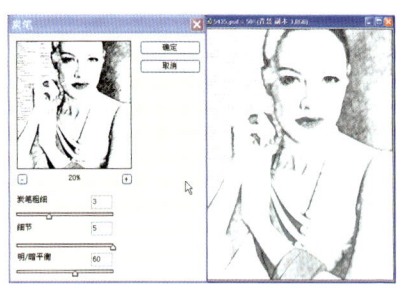

图8-21 【滤镜】—【炭笔】

8 把"背景副本3"的图层混合模式设置为"柔光",不透明度设置为70%(如图8-22所示)。

图8-22 设置图层混合模式

图8-23 复制图层

9 经过以上操作步骤，一幅素雅的铅笔淡彩画已经诞生了。是不是觉得素描的皮肤不够精致，眼睛还不够有神采呢？接下来，我们进行一次再加工：在图层面板中右键点击背景图层，创建副本，新图层默认命名为"背景副本4"(如图8-23所示)。

10 执行【滤镜】-【杂色】-【蒙尘与划痕】命令，半径设为20；阈值设为0(如图8-24所示)。

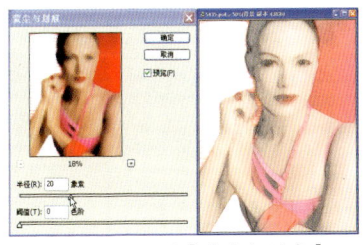
图8-24 设置【蒙尘与划痕】

图8-25 设置图层混合模式

11 把"背景副本4"图层混合模式设置为"柔光"，透明度为50%(如图8-25所示)。

12 再次选择"背景副本3"，用套索工具，选出脸部及颈部皮肤，羽化值为8像素(如图8-26所示)。

图8-26 选出脸部及颈部皮肤

图8-27 高光加深

13 使用【Delete】键去除选区;最后,再用 加深工具 在眼部加"高光"(如图8-27所示)。

14 合并图层,最终稿就完成了(如图8-28所示),是不是很有趣?

图8-28 最终效果对比

LESSON 4 第四节 人物素描效果①

简单的线条就能快速勾勒出一幅惟妙惟肖的图画,这就是素描的魅力所在。你是否也有想把自己变成画中人的愿望呢?接下来我们就用自己的双手为自己"画素描",不要担心自己不精通绘画,在这里,每个人都可以是"艺术家"。

PART 8 数码照片趣味制作——艺术效果篇

1 首先，打开一张照片，在图层面板中右键点击背景图层，选择 复制图层... 创建副本(如图8-29所示)。

图8-29 复制图层

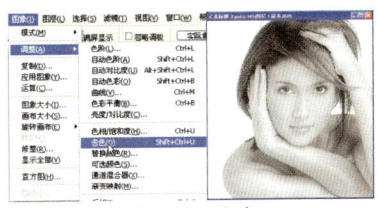

图8-30 去色

2 点击副本图层，然后执行【图象】-【调整】-【去色】命令(如图8-30所示)。

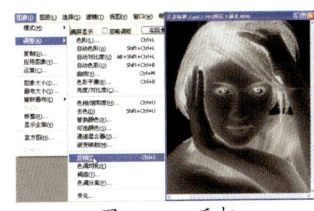

图8-31 反相

3 再在图层面板中右键点击去色后的图层，选择 复制图层... 创建另一副本，并执行【图像】-【调整】-【反相】命令或按【Ctrl+I】执行反相命令(如图8-31所示)。

4 调整图层模式为"颜色减淡"，调整之后照片可能会一片空白(如图8-32所示)，没有关系，接着往下做。

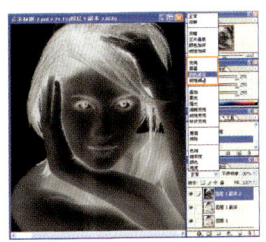

图8-32 调整图层模式

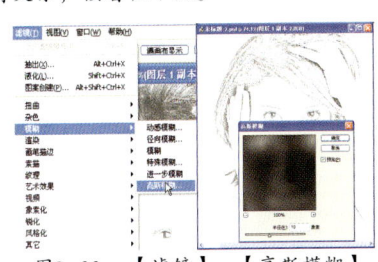

图8-33 【滤镜】—【高斯模糊】

5 执行【滤镜】-【模糊】-【高斯模糊】命令，在弹出窗口中选择模糊半径为10，然后"确定"(如图8-33所示)。

6 执行【滤镜】-【艺术效果】-【粗糙蜡笔】命令，设置"线条长度"为7，"线条细节"为5，"缩放"设为57%，"凸线"值为5，"光照方向"为左上方(如图8-34所示)。

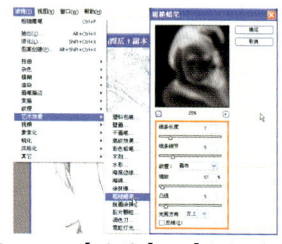

图8-34 【滤镜】—【粗糙蜡笔】　　图8-35 调整亮度和对比度

7 接着调整一下亮度和对比度，使图片看起来更自然(如图8-35所示)。

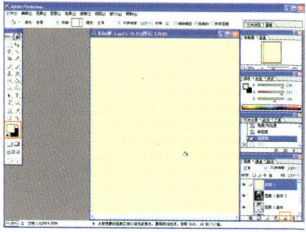

8 点击图层面板上的新建图层按钮，填充淡黄色为素描画的底色(如图8-36所示)。

图8-36 新建图层

9 调整图层不透明度到42%，并选择图层模式为"正片叠底"(如图8-37所示)。瞧，一张逼真的素描画就出来了，不知道的还以为出自专业人士之手呢。

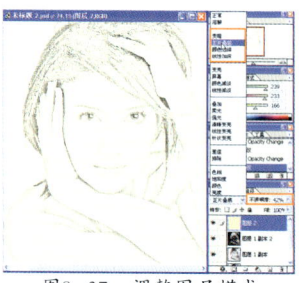

图8-37 调整图层模式

PART 8
数码照片趣味制作——艺术效果篇

10

对比前后的效果看看(如图8-38所示),是不是不失真实却又充满艺术感啊!

图8-38　前后对比的效果

LESSON 5　第五节　人物素描效果②

上节介绍的仅仅是一种"素描"方法,下面我们要来学习"素描"的另外一种方法。

1

首先,打开一张照片,在图层面板中右键点击背景图层,选择 复制图层... 创建副本(如图8-39所示)。

图8-39　复制图层

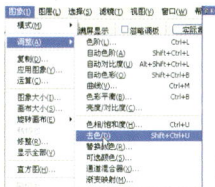
图8-40　去色

2

点击副本图层,然后执行【图象】-【调整】-【去色】命令(如图8-40所示)。

3

再右键点击去色后的图层,选择创建另一副本,接着执行【滤镜】-【查找边缘】命令(如图8-41所示)。

125

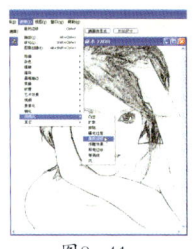 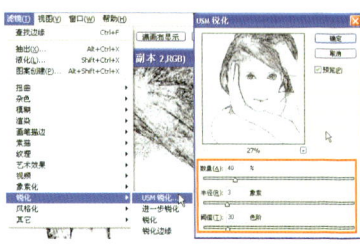

图8-41 【滤镜】—【查找边缘】　　图8-42　【滤镜】—【USM锐化】

4 执行【滤镜】菜单下【锐化】的【USM锐化】命令，参数中数量设置为40%，半径为3象素，阈值设为30色阶(如图8-42所示)。

5 把本图层混合模式设置为"叠加"，可以看出素描画的雏形已经形成了(如图8-43所示)。

6 执行【图象】-【调整】-【色阶】命令再对图片进行适当调整(如图8-44所示)。

图8-43　设置图层混合模式

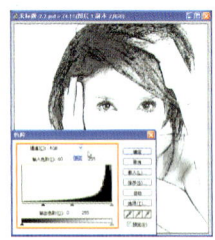 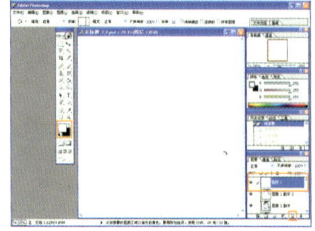

图8-44　调整色阶　　　　图8-45　新建图层

7 接着，新建一个空白图层，填充为"白色"(如图8-45所示)。

8 执行【滤镜】-【杂色】-【添加杂色】命令,在弹出的对话框中设置数量为35%(如图8-46所示)。

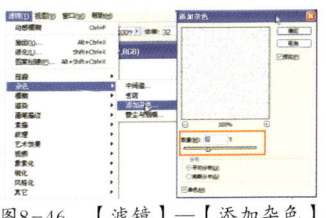 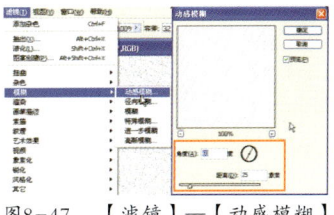

图8-46 【滤镜】—【添加杂色】　　图8-47 【滤镜】—【动感模糊】

9 执行【滤镜】-【模糊】-【动感模糊】命令,在弹出的对话框中设置角度为60度,距离为25象素(如图8-47所示)。

10 把本图层混合模式设置为"正片叠底",这样画稿的底色就做成了(如图8-48所示)。

11 选择橡皮擦工具,把不透明度设为15%,在空白的地方随意擦几下(如图8-49所示)。

图8-48　设置图层混合模式　　　图8-49　橡皮擦修饰

12 最后选择加深工具,把下巴、脸颊等处稍稍加深一下(如图8-50所示)。

13 对比一下前后的效果,如图8-51所示,是不是和第一种方法的效果不相上下呢?

图8-50　加深下巴、脸颊等处　　　图8-51　前后对比的效果

第六节　风景水粉画效果

"绘画课堂"又开始了，上节我们教大家学会了"画素描"，画完了人物我们该来研究研究风景画了，这一节就教教大家如何把风景照片"画"成水粉画。

1 打开一张风景照片，在图层面板上双击背景图层，建立新图层并对其进行编辑(如图8-52所示)。

图8-52　建立新图层　　　图8-53　干画笔设置

2 执行【滤镜】-【艺术效果】-【干画笔】命令，设置画笔大小为2，画笔细节为8，纹理值为1(如图8-53所示)。

PART 8 数码照片趣味制作——艺术效果篇

3 执行【滤镜】-【画笔描边】-【阴影线】命令，设置线条长度为9，锐化程度为6，强度为1(如图8-54所示)。

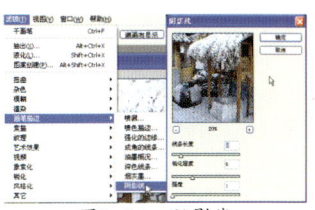

图8-54　阴影线

4 到这一步，效果的制作初步完成了，下面我们要给图片加上边框。点击图层面板上的 新建图层按钮新建一个背景图层，点掉照片图层前面的 使其暂时隐藏，把新建的背景图层放在照片图层的下边并填充白色(如图8-55所示)。

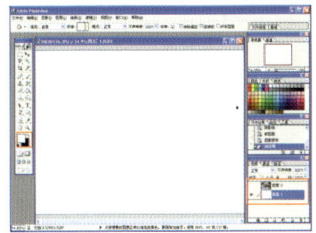

图8-55　新建背景图层

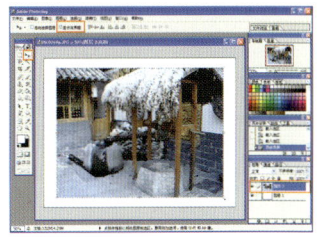

图8-56　缩小图像

5 点击照片图层前面的 使图层可见，按【Ctrl】键的同时点击照片图层，即可全部选中本图层。选取移动工具 ，并选中 显示定界框 ，然后拖动画布的四个角即可把画布中的图像缩小一点(如图8-56所示)。

6 按【Ctrl+D】取消选区，选中白色背景图层，并选择合适的前景色和背景色(如图8-57所示)。

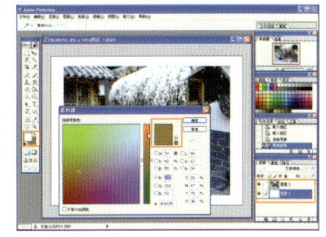

8-57　选择前景色和背景色

129

7

执行【滤镜】-【渲染】-【云彩】命令,可以看见周围一圈出现了漂亮的底纹(如图8-58所示)。

图8-58 云彩效果

图8-59 马赛克拼贴

8

接着执行【滤镜】-【纹理】-【马赛克拼贴】命令,设置"拼贴大小"为19,"缝隙宽度"为3,"加亮缝隙"的值为9(如图8-59所示)。

9

按住【Ctrl】键的同时点击照片图层0,执行【选择】-【反选】命令(如图8-60所示)。

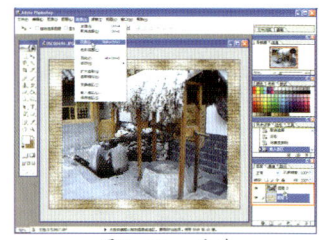
图8-60 反选

图8-61 描边

10

新建一个图层,执行【编辑】-【描边】命令,描边宽度设置为15像素,颜色依自己喜好设定(如图8-61所示)。

11

【图层】-【图层样式】-【斜面和浮雕】命令(如图8-62所示)。

PART 8 数码照片趣味制作——艺术效果篇

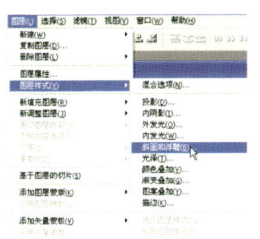

图8-62　斜面和浮雕

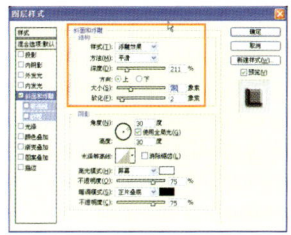

图8-63　图层样式设置

12 其中"样式"选择"浮雕效果",其他参数可以根据预览情况设定(如图8-63所示)。

13 水粉画"农家小院"正式完成,我们一起来欣赏一下最终效果(如图8-64所示)。

图8-64　水粉画"农家小院"

LESSON 7 第七节　国画效果

国画是中国艺术中举足轻重的部分,提到画国画,相信大多数的人都是说"太难了"。不过本节内容就教给你"国画速成法",保证效果不输给真正的国画。

1 打开一张荷花照片,在图层面板中右键点击背景图层,选择 复制图层... 创建副本(如图8-65所示)。

图8-65　复制图层　　　　图8-66　去色

2 点击副本图层，执行【图像】-【调整】-【去色】命令(如图8-66所示)。

3 执行【图像】-【调整】-【色阶】命令，对图片进行适当调整，以增加黑白对比(如图8-67所示)。

图8-67　调整色阶

4 执行【图像】-【调整】-【反相】命令或按【Ctrl+I】执行反相命令(如图8-68所示)。

图8-68　反相

5 执行【滤镜】-【模糊】-【高斯模糊】命令，在弹出窗口中选择模糊半径为1，然后【确定】(如图8-69所示)。

图8-69　【滤镜】—【高斯模糊】

6 再执行【滤镜】-【画笔描边】-【喷溅】命令(如图8-70所示)。

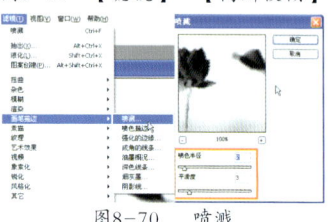

图8-70　喷溅

7 新建一个图层,设置图层混合模式为"颜色",用粉红色的画笔给荷花涂上颜色(如图8-71所示)。

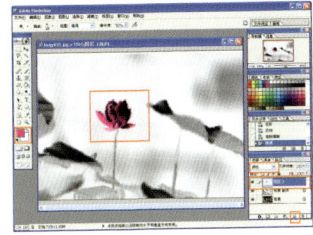
图8-71 新建图层

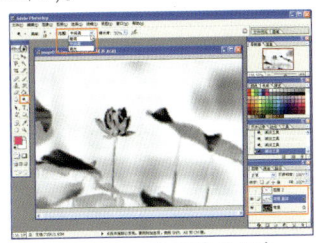
图8-72 减淡花的颜色

8 看上去荷花的颜色太深了一点,那么我们接着选择,在黑白的荷花图层上对花的颜色进行减淡(如图8-72所示),减淡时要先用"中间调",等只剩少部分重黑色时再选用"暗调"减淡较重的黑色。最终效果如图8-73所示。

图8-73 国画"荷花"

第八节 水彩画效果

有时候很想在自己的房间里挂几幅艺术作品,像水彩画、油画之类的,可是自己不会画,买又太贵了!这可怎么办?下面就教你一招,用Photoshop自己做一幅,绝对可以达到以假乱真的效果哦!

1 首先打开一幅想要制作成水彩画的图像(如图8-74所示)。

图8-74 打开图像　　图8-75 特殊模糊

2 执行【滤镜】-【模糊】-【特殊模糊】命令,在弹出的对话框中,设置半径为30,阈值为50,选择品质为"中",模式为"正常",然后单击【确定】按钮(如图8-75所示)。

3 执行【滤镜】-【艺术效果】-【水彩】命令,在弹出的对话框中,设置笔画细节为14,暗调强度为0,纹理为1,此时从预览窗口中看到图像已经有一些水彩效果了(如图8-76所示)。

图8-76 水彩效果

4 执行【图像】-【调整】-【亮度/对比度】命令,在弹出的对话框中,设置亮度为30,对比度为8(如图8-77所示)。

5 执行【滤镜】-【纹理】-【纹理化】命令,在"纹理化"对话框中设置"凸现"值为2,其余按默认设置。由于一般绘制水彩画所用的纸都是有纹理的,通过加入纹理化滤镜,可以使图像达到更加真实的效果(如图8-78所示)。

 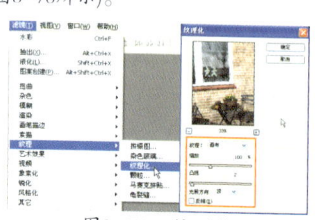

图8-77 调整【亮度/对比度】　　图8-78 纹理化

6 最终的对比效果如图8-79所示。

图8-79 最终对比效果

第九节 LESSON 9 油画效果

画完水彩画，我们再来学油画，正所谓"十八般武艺，样样精通"嘛。话不多说，赶快来看看怎样"画油画"吧。

1 首先打开一幅想要制作成油画的图像，右键点击背景图层，选择"复制图层"项，复制一个图层"背景副本"，选择此图层为当前图层(如图8-80所示)。

图8-80 复制图层

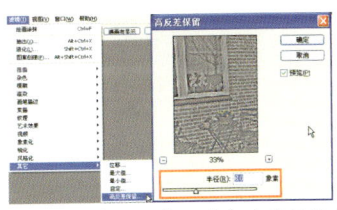
图8-81 【滤镜】—【高反差保留】

2 执行【滤镜】-【其他】-【高反差保留】命令，在弹出的对话框中，设置半径为8像素，然后点击【确定】按钮。此功能是使图像中有强烈颜色转变的地方按指定的半径保留边缘细节，而将其他部分的颜色删除(如图8-81所示)。

3 执行【滤镜】-【艺术效果】-【绘画涂抹】命令,在弹出的对话框中,设置画笔大小为5,锐化程度为10,画笔类型为"简单"(如图8-82所示)。

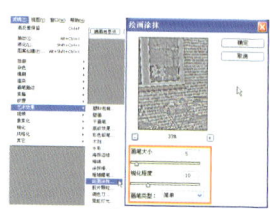

图8-82 【滤镜】—【绘画涂抹】

4 在图层面板上选择"背景"为当前层,然后重复上一步的操作(如图8-83所示)。

5 选择"背景副本"为当前图层,选择图层混合模式为"差值"(如图8-84所示)。

图8-83 绘画涂抹背景层

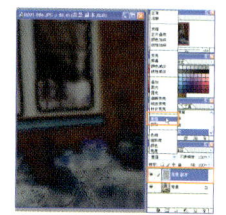

图8-84 设置图层混合模式

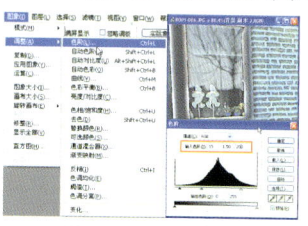

图8-85 调整色阶

6 右键单击图层面板中的"背景副本",选择"复制图层"项,复制一个"背景副本2",执行【图像】-【调整】-【色阶】命令,在弹出的对话框中设置色阶为"15、1.50、205"(如图8-85所示)。

7 最后执行【图层】-【拼合图层】命令,油画作品也完成了,最终效果如图8-86所示。

图8-86 最终效果对比

Part 9 数码照片的冲印

第一节 数码照片冲印前的准备

第二节 数码照片的修饰

第三节 冲印数码照片

第四节 打印数码照片

第一节 数码照片冲印前的准备

拍摄质量与冲印尺寸

为节省存储卡空间,大部分数码相机都会提供多种照片拍摄质量供用户选择。主要分为Best(最佳质量)、Good(良好质量)及Normal(普通质量)。其区别是把拍摄后的JPEG照片按不同程度进行压缩。但过分压缩会严重影响照片冲印质量。所以后两者拍出的照片未必真正适合冲印。在把照片拿去冲印前,用户最好先检查清楚冲印后的照片质量与拍摄到的影像文件是否成比例。一般来说,要冲印5寸照片(3×5),采用800×600分辨率;而7寸照片(5×7),采用1024×768分辨率;8寸照片(6×9),采用1280×960分辨率就可以了。

但这是最基本的要求,拍摄质量越高、文件越大,冲印的效果越好。用户如果要经常冲印数码照片,最好先检查照片是否符合上述要求。拍摄时尽量选用"最佳质量"以减少照片细节损耗,确保冲印效果良好。

另外,你也可根据以下公式,计算正确的数码照片输出尺寸大小。

拍摄分辨率÷300dpi=输出尺寸

举个例子,假设拍摄的照片分辨率是150万像素(1024×1536),就用1024和1536各除以300,得出输出尺寸为3.5寸×5寸。

从下面的图表可以看出,图像文件的规格不同,冲印的效果也不同。

	最好	好	较好	一般	差
3.5×5	800×600	640×480			
4×6	1024×768	800×600	640×480		
5×7	1280×960	1024×768	800×600	640×480	
8×10	1600×1200	1280×960	1024×768	800×600	640×480
11×14	1712×1368	1600×1200	1280×960	1024×768	800×600

表9-1 图像大小与冲印尺寸对照表

当你决定冲印时，建议图像最好是640×480像素或更大一些。对于影像商品，建议您用800×600像素甚至更大。

照片长宽比例

很多人都以为，把数码照片复制给冲印店，就能得到一幅尺寸比例合适的数码照片，而事实却不然。由于CCD感光器件尺寸的限制，大部分数码照片的长宽比例是4:3。若按比例冲印，照片会出现白边或部分影像会被裁掉。权宜之计是拍摄时在影像边缘位置预留5~8mm空间，就能够避免上述问题。

用软件修饰照片

在把照片交到冲印店或直接利用打印机打印之前，适当地利用软件调整照片明暗、反差、对比度与色彩鲜艳度，有助于提高照片的可观赏性。这一部分在下一节中将具体介绍。

给冲印店清晰的指示

很多人认为把满载照片的存储卡交给冲印店了便算完事，而没有清楚说明冲印尺寸及文件编号，这是也大部分冲印店常会遇到的顾客指示不清的情况。除非要冲印的照片尺寸统一，否则建议你最好先在电脑上把照片分门别类，用不同的文件夹放置不同尺寸的照片，或直接向店员索取照片冲印表格，把要冲印放大的照片和需作特殊处理的照片清晰列出，以减少问题出现。

一般情况下，激光数码冲印店会用电脑自动调整照片亮度和CMYK四色调。用户可从冲印好的照片背后编码了解冲印店是否为照片进行过校色。若出现"NNNN"字样，即表示冲印员觉得无须调整。但一般而言，适当的校色有助于提高照片的观赏性。

第二节 数码照片的修饰

自动色阶

图9-1是数码相机拍摄的原始照片。由于光线的原因，人物和草丛显得色彩不够饱和、鲜艳。同时前景的人物也显得不够突出，层次感不强。

图9-1 原始照片

通过在Photoshop中执行【图像】-【调整】-【自动色阶】命令(如图9-2所示)，可以得到图9-3的效果。

这时，草丛的色彩更真实，前景的人物变得色彩鲜艳，人物和草丛反差变大，显得鲜明起来。处理后的照片富有层次，更加赏心悦目。

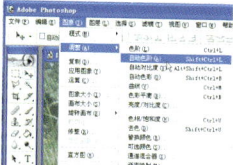

图9-2 自动色阶

调整亮度和对比度

我们都希望能拍出色彩鲜艳的照片。然而由于光线和天气的原因，许多照片会让人感觉色彩很呆板，如图9-4即是。

图9-3 自动色阶后的效果

解决的办法是提高整体亮度和对比度，使草丛的色彩变得鲜艳，人物与背景分离出来。其操作步骤为执行【图像】-【调整】-【亮度/对比度】命令，调节【亮度】滑杆到-24，调节【亮度】滑杆到+25，得到如图9-5新的照片。是不是要鲜艳许多？但要注意适当使用这个功能，以免照片失真。

调整色彩饱和度

色彩饱和的照片能通过刺激人的感官给人美好的感受，一张色彩不饱和的照片不仅色彩不鲜明，而且缺乏对比(如图9-6所示)。调整方法就是提高或降低整体饱和度。其操作步骤为：执行【图象】-【调整】-【色相/饱和度】命令(如图9-7所示)，调节【饱和度】滑杆到28，得到新的图片如图9-8。红花和绿叶的色彩都得到增强，看上去也漂亮不少。

图9-4 原始照片

调节【亮度】滑杆到-24
调节【亮度】滑杆到+25

图9-5 调整后的照片

图9-6 原始的照片

调节【饱和度】滑杆到28

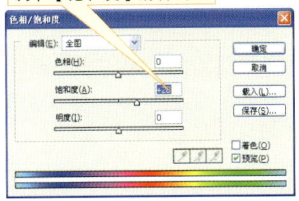

图9-7 调节色相/饱和度

图9-8 调整后的照片

第三节 冲印数码照片

数码彩扩,通俗地说就是把数码照片的图像文件输入数码彩扩机,经过处理后冲印出与传统照片一样的相纸照片,一般用于专门的数码照片彩扩店。你可把图像文件存储在光盘、磁盘等存储介质中,送到数码彩扩店冲印。数码彩扩这种方式既经济又能长时间地保存照片。

图片社冲印数码照片

冲印数码照片当然是拿到图片社去了,但不同的图片社冲印出来的效果也有所不同。

现在在市场上的冲印数码照片的图片社主要有两家:日本富士和美国柯达。相比而言,二者在价位上基本上没有什么差别,但是在色彩效果方面,两家却有明显的差别。

富士的色彩偏于自然,色彩浓重,亮度稍低,但饱和度稍高,所以冲印出的照片比较真实,尤其是自然风景照,这类照片是富士的强项。

柯达的色彩偏于明亮,色彩鲜亮,亮度较高,所以冲印一般的风景照会略显失真,不过对于室内生活照,艺术照等,还是柯达冲印的效果好一些。

上网冲印数码照片

随着网络的发展与普及,好多以前生活中很繁琐的事情现在都可以在网上得到实现。如今在网上购物已经为大多数人所接受,本质看来,上网冲印数码照片也是网上购物的一种形式。

如果你家附近没有彩扩店或是还没有数码彩扩机,就可以通过E-mail或直接从商家的网页上把数码照片文件发送过去,商家会按规格把彩扩好的照片邮寄给你。如图9-9是易拍网的数码冲印页面。

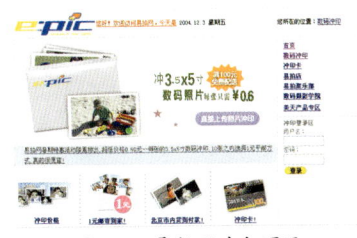

图9-9　易拍网冲印页面

下面谈谈把数码照片发送给店家应该注意的事项。

1

考虑数码照片的分辨率和打算放大的尺寸是否匹配。由于数码彩扩机的分辨率在300dpi～400dpi之间,这也是能满足人眼近距离观看的分辨率。如果高出这个分辨率,人眼也观察不出来,但若是小于这个分辨率,照片就会呈颗粒状。数码相机则采用另外一种分辨率,即按照高和宽各有多少像素来定义分辨率,如1024×768,2048×1536等。1024×768分辨率通常可以得到图像质量较好的5寸×7寸的照片。如果你使用210万像素的数码相机,照片的最大分辨率是1600×1200,可以彩扩出很好的8寸×10寸的照片。300万像素级的数码相机的最大分辨率是2048×1536,可以彩扩出高质量的11寸×14寸的照片。因此定一个恰当的标准很重要。

2

利用图像处理软件在电脑上对照片进行编辑处理,增强照片的效果。

3

考虑文件的存储格式和压缩率。最好存储为常用的格式,如JPEG/JPG、TIFF等。但当存储为JPEG格式时应尽量减少压缩率,以免压缩过大,使照片失去应有的细节。

4

选定提交数码彩扩的商家。如果距离不远,可以直接把照片存储在光盘、磁盘等存储介质送到商家;如果附近没有这样的商家,则可以通过互联网在线上传照片。

5

进入诸如易拍网等提供网上彩扩商家的主页,填入您的用户名和密码登录,如果不是易拍网的注册用户,须先注册。注意在注册时要填入正确的姓名和地址,以便彩扩照片能够顺利寄回(如图9-10所示)。

6

上传照片。具体流程如图9-11所示。

7

选择需要的产品服务。

8

填写配送和付款信息。

9

确认完成。

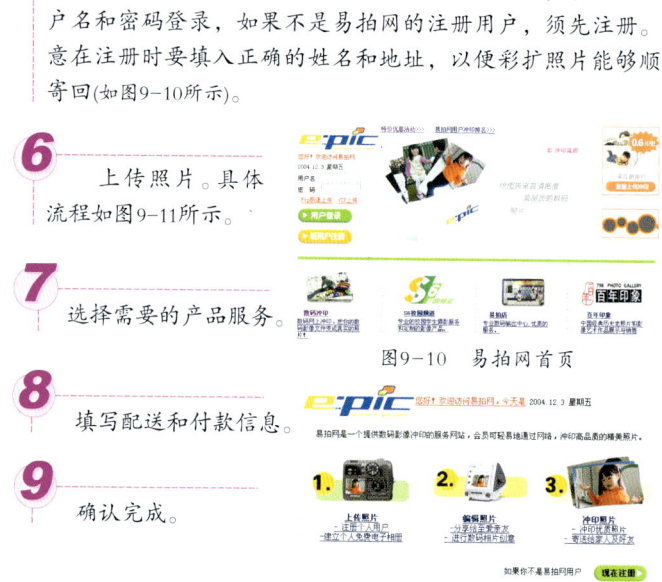

图9-10　易拍网首页

图9-11　易拍网网上冲印步骤

这样就完成了一张数码照片的后期制作和冲印。看着记录着欢乐时光的照片,你是不是会赞叹数码时代的精彩呢?

PART 9 数码照片的冲印

第四节 打印数码照片

数码照片输出还有一个更便捷的方式，那就是打印数码照片。而且随着照片打印成本的逐步平民化，越来越多的人把喷墨照片打印机列入了购置计划。

彩色喷墨打印机是将彩色墨水喷在纸上以形成图像。用它打印一张高质量的照片花费是很高的，而且喷墨打印有一个致命缺点，即打印出的照片容易褪色，通常几年后就像是放了几十年的老照片。但随着打印技术的不断推进，打印照片的精度和质量也在逐步提高。从2002年开始，很多打印机厂商就推出了可以直接连接数码相机进行打印的照片打印机。这使得数码照片的打印输出更加便捷。对于不熟悉电脑使用的用户来说，这无疑降低了照片打印的门槛。

在打印照片前，请先安装好打印机。一般说来，家庭用喷墨打印机就可以了。喷墨打印机的打印质量与纸张有很大关系，只有使用专业打印纸张，才能获得较理想的打印质量。打印照片用的纸张在办公用品商店就可以买到。下面介绍一下打印照片的具体步骤：

1 打开Photoshop，执行【文件】-【打开】命令，打开所要打印的照片(如图9-12所示)。

图9-12　打开照片

2

执行【文件】-【新建】命令,在弹出的对话框中设置A4纸的宽度和高度。单击【确定】按钮(如图9-13所示)。

3

切换到刚打开的要打印的图片,按【Ctrl+A】组合键全选照片,再按【Ctrl+C】复制图像(如图9-14所示)。

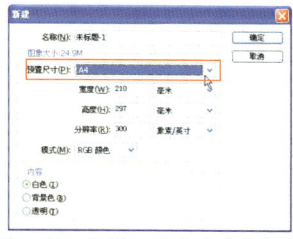

图9-13 设置A4纸的宽度和高度

4

切换到新建文件,按【Ctrl+V】组合键把照片粘贴到背景上(如图9-15所示)。可以看到相对于A4的纸张大小来讲,这幅照片要是以300dpi的分辨率打印,打印出来的效果就是这么大。

图9-14 复制图像　图9-15 粘贴图像

5

执行【文件】-【打印与预览】命令(如图9-16所示)。

6

在【打印】窗口中,同样可以看到打印出的照片的大小(如图9-17所示)。

图9-16 打开【打印与预览】

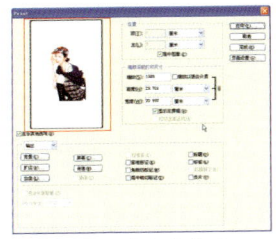 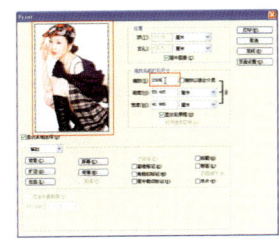

图9-17 【打印】窗口　　图9-18 缩放照片的尺寸

7

如果觉得打印出的照片太小了，可以适当缩放一下照片的尺寸，如图9-18所示为放大2倍的效果，不过这是以减小分辨率为代价的，就是说打印出的照片会模糊一些。

8

一切设置好后，点击 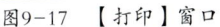 就可以坐在那儿边喝茶边等待靓照的"横空出世"了。

Part 10 制作电子相册

第一节 制作照片幻灯片

第二节 制作多媒体电子相册

第三节 制作多媒体相册光盘

PART 10 制作电子相册

第一节 制作照片幻灯片

掌握了数码相机的使用技巧,就可以随意拍出你眼中的人和世界。经过加工处理,你是不是已经收藏了不少精彩酷照呀,何不拿出来在大家面前"秀"一下呢?这个时候,做个照片幻灯片就非常有用啦。

还有更酷的哦,想不想把自己的照片加上音乐或制成屏幕保护程序呢?ACDSee Power Pack提供的幻灯片制作组件FotoAngelo 2就能出色地帮你完成这个任务。

1 运行FotoAngelo 2。软件界面如图10-1所示。

图10-1　FotoAngelo2的界面

2 在把图像加载到文件中之前,先要进行公共属性的设置。执行【工具】-【选项】命令进行设置。可设置的项目有:图像的过渡方式(支持25种方式);是否对图像进行拉伸;幻灯片延迟时间;你想在每张新的幻灯片中自动添加的默认文字、字体、位置和背景颜色等(如图10-2所示)。

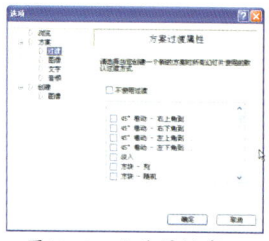  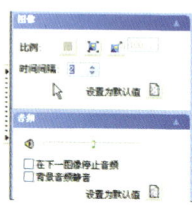

图10-2　公共属性窗口　　　图10-3　幻灯片属性

3

设置完毕后，在左边的文件夹窗口打开图片所在的文件夹，显示该目录中的所有文件。把需要的图片拖入【幻灯片区】即可。选中某张图片，可在预览区看到图片，在右方的属性设置区可以对这张图片的属性进行单独的设置(如图10-3所示)。

4

我们还能添加空白幻灯片，在需要添加幻灯片的位置点击右键，选择【插入空白幻灯片】即可(如图10-4所示)。若想调整图像的顺序，只需直接拖动幻灯片即可。

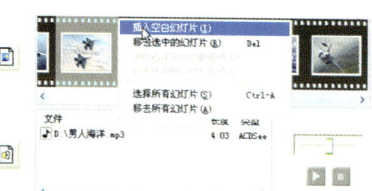

图10-4　插入空白幻灯片

5

图像设置完毕后，可以选择一个音频文件，将其拖入音频文件存放区。选中该音频文件，可以播放试听、调整播放时的音量。还可以为某一个幻灯片添加音乐，只要将音频文件拖到幻灯片的上方就行，就可以看到加有音乐的幻灯片上会有一个音乐的小图标(如图10-5所示)。

图10-5　拖入音频文件

6 一切设置完成后,当然是应该保存、输出了。下面我们一起来将设计好的幻灯片输出为屏保文件或可执行文件。点击工具栏上的 ![创建] 按钮,弹出ACD FotoAngelo的创建向导,点击【下一步】,会出现如图10-6的选择。

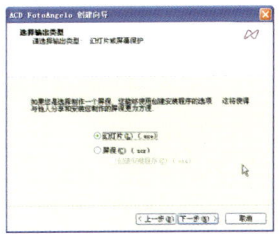

图10-6 输出文件类型

7 首先选择EXE文件,然后依次确定文件存放目录和文件名,点击【下一步】,会出现图10-7的选择框。

8 点击【下一步】提示保存文件名之后,就会提示你选择幻灯片的播放模式(如图10-8所示)。

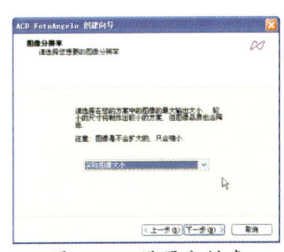

图10-7 设置分辨率

9 手动演示可以让观看者自主决定观看单张图片的时间,一般逻辑性的图片就选择连续、随机播放吧。完成后你就可以欣赏自己的作品了。

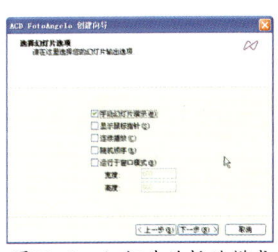

图10-8 幻灯片的播放模式

友情提示

当幻灯片观看时会以全屏的方式播放,若想退出正在运行的文件,需要用【Alt+F4】键或【Esc】键。

LESSON 2 第二节

制作多媒体电子相册

"电子相册"是通过多媒体技术在照片中加入了声音、文字、特技动画等其他元素整合而成的，可通过VCD/DVD视频播放机或是个人电脑直接播放的包含大量图片信息的虚拟相册。承载照片的介质可以是VCD/DVD光盘或者是存储在电脑里的视频文件。上一节中我们制作出的那种双击即可观看的EXE文件，可以称之为简单电子相册，算不上精彩的多媒体电子相册，下面我们就来制作高档的电子相册。

用来制作电子相册的软件有很多，这里我们使用大名鼎鼎的《会声会影 7.0》。对于这款软件大家可能已经很熟悉了，它就是普遍运用在家庭DV录像后期处理中的视频剪辑软件，它不但可用于动态视频的处理，还可以把静态的JPG格式照片编辑得充满生机，制作成专业的电子相册。

还是先来一睹《会声会影 7.0》的风采吧，它的操作界面如图10-9所示，准备好了制作电子相册的基本原料，并且熟悉了制作平台，下面就进入实战阶段吧。

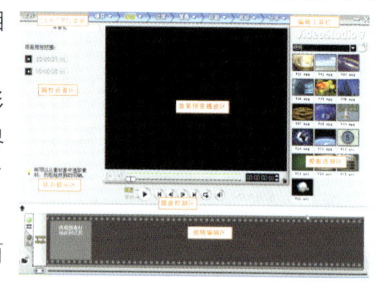

图10-9 会声会影7.0的操作界面

素材照片的导入

如果没有连接家庭数码摄像机，打开软件时软件程序会自动选择  状态。要制作电子相册，必须先把素材照片导入软件。

1.
点击时间轴左下角的文件夹图标,选择【插入图像】(如图10-10所示)。

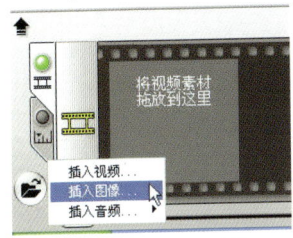
图10-10　插入图像

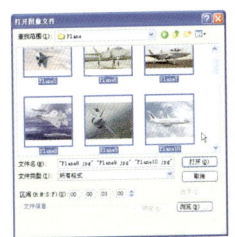
图10-11　添加图片

2.
在出现的文件夹对话框中,只要把里面的图片拖到屏幕下方的【视频轨道栏】里即可。当然,你可以一次选中全部图片,然后点击【打开】(如图10-11所示),程序会自动将所有图片全部添加进视频轨道栏。

3.
完成这一步骤后,素材库内的照片就完全放在编辑区内了,还可看见每两张照片中间都有过场特技效果的缩略图(如图10-12所示)。

图10-12　相册的前期效果

设置照片的滞留时间

1.
点击如图10-13所示中视频轨道栏左边的【切换到时间轴模式】按钮,画面便会切换到时间轴模式。

图10-13 切换到时间轴模式

2

时间轴模式下的编辑区各部分布局如下(如图10-14所示)。

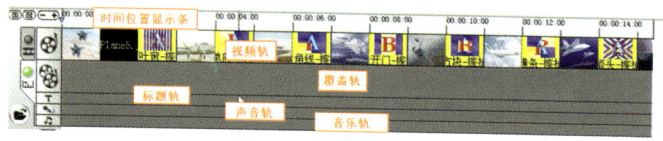

图10-14 时间轴模式

3

点击选中【视频轨】里的一张图片,该图片及系统默认播放时间段即被虚线包围(如图10-15所示)。

图10-15 视频轨

4

此时我们可见【属性设置区】中显示出系统默认该图像会在视频中显示3秒(如图10-16所示),我们只需在【区间】中按照"小时/分钟/秒"的顺序依次双击修改,输入自己想要显示的时间,就这样依次选中每一张图片,依次修改,直到全部图片修改完毕。

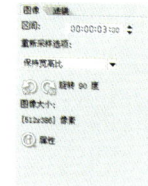

图10-16 属性设置区

小技巧

调整照片的滞留时间还可以在视频轨内对照片进行拖拉来实现,把鼠标移到照片左边缘,可以看到指针变成 ⇔,向右拖动边缘就可以看到时间轴上的线也跟着移动,表明照片的放映时间已改变(如图10-17所示)。

图10-17 拖拉滞留时间

设置过场特技效果

在播放过程中我们可以看到每两幅图片之间的过场特技效果，如果嫌它的效果太单调，该怎样修改这些效果呢？

1 点击两照片中间的效果图或是 效果 按钮，就会看到右边【模板选择区】出现了许多过场效果(如图10-18所示)。

2 点击【模板选择区】上的下拉按钮(如图10-19所示)，还可以找到更多的过场效果。

图10-18 过场效果模板

3 选择合适的效果，直接拖到【视频轨】中去覆盖原有效果就可以(如图10-20所示)。

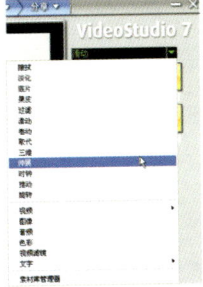

图10-19 模板选择

播放

此时，可以预览一下经过初步设定的电子相册的效果如何。用鼠标点击一下【视频轨】空白处的任何位置，解除对【视频轨】中的素材的选定，然后，点击【播放控制区】的 ▶ ，对整个相册项目进行播放(如图10-21所示)。

图10-21 播放项目

小技巧

点击播放按钮前、可以在按钮前面的模式中选择要进行何种播放(如图10-22所示)。

图10-22 播放模式

添加标题

要想在电子相册的前头或过程中添加文字。单击工具栏上的 `标题`，在右边选择合适的标题拖到【标题轨】就可以了(如图10-23)。

如果右边没有你想用的标题，你可以自己做一个合适的标题，单击【属性栏】的【创建标题】，在弹出的窗口中即可进行设置。【动画】窗口还允许你对新建的或已有的标题设置动画(如图10-24所示)。

图10-23 选择标题

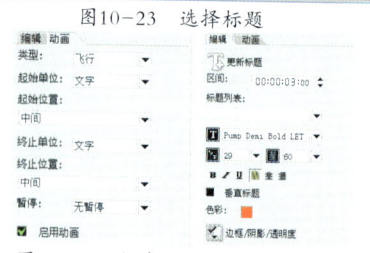

图10-24 新建标题和设置动画窗口

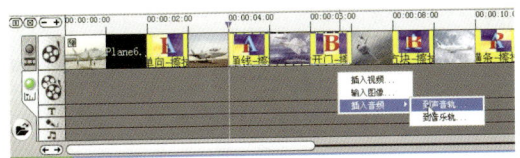

图10-25　插入音频

导入背景音乐

"没声音，再好的戏也出不来"，为了让相册更加生动多彩，接下来就该为你的电子相册配音了。在屏幕下方【编辑区】的空白处单击右键，指向【插入音频】会出现两个选项：【到声音轨】和【到音乐轨】(如图10-25所示)。如果想在相册中插入一段"真情告白"的话，就点击【到声音轨】，这样你便可对着麦克风把声音录入视频文件。如果想加个背景音乐，就可以选择【到音乐轨】。

在出现的对话框中选中事先准备好的MP3音乐，点【打开】按钮，MP3音乐就出现在音乐轨中了(如图10-26所示)。

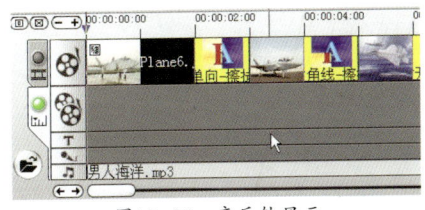

图10-26　音乐轨显示

保存为视频文件

复杂的制作过程已经基本完成，现在我们就可以把众多零散的照片、特技、音乐等素材有机地渲染后保存为可在电脑中播放的视频文件，生成的文件也可通过网络传递给朋友。

点击【编辑工具栏】中 分享 右边的箭头，在下拉菜单【创建视频文件】选中点击【PAL VCD】，如果想拥有DVD质量的视频，选择【PAL DVD】即可(如图10-27所示)。

在弹出的保存文件对话框中输入文件名，点击【保存】后就立即开始了渲染(如图10-28所示)。

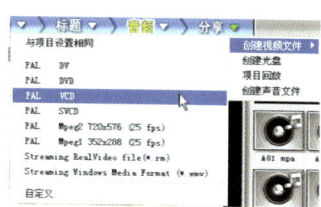

图10-27　创建视频文件

图10-28　渲染文件

如果我们编辑时使用了较多的图片或者声音等其他素材，这个过程所用时间就会比较漫长。当然，渲染的速度也取决于电脑的性能，只要耐心等待，最后便看到一个MPG格式的视频文件，使用操作系统自带的播放器即可打开欣赏。

第三节　制作多媒体相册光盘

如果你一次制作了不同主题的多个独立的电子相册的MPG视频，何不把它们刻录进一张光盘呢。像Nero这样的刻录软件当然可以把生成的MPG文件烧录成光盘，不过我们还可以参考某些MTV的VCD/DVD光盘的做法，制作一个界面选择菜单，把不同主题的视频文件放在里面，这样在使用VCD/DVD播放机观赏时，即可通过菜单选择所想要欣赏的相册，这样岂不是更炫更酷了吗？

PART 10
制作电子相册

1. 点击【编辑工具栏】中 分享 右边的箭头，在下拉菜单选择【创建光盘】，或是点右边窗口中的 创建光盘 （如图10-29所示）。

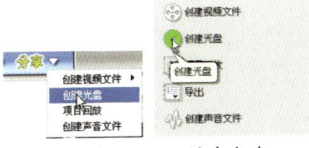

图10-29　创建光盘

图10-30　输出光盘设置

2. 在【输出光盘格式】中可以选择VCD或DVD格式，要添加多个电子相册，可单击 ➕ 添加视频或是项目文件（如图10-30所示）。

3. 点击 下一步>，可以选择合适的图片作为界面菜单的背景图片，单击 □ 设置背景图片，♪ 设置背景音乐（如图10-31所示）。

图10-31　设置界面菜单

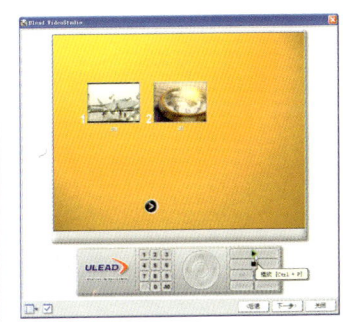

图10-32　模仿播放机画面

4

继续点击 下一步>，就可以模仿我们在视频播放机上看到的画面(如图10-32所示)。此时我们可以模拟操作一下，以查看制作效果。

5

点击 下一步> 就进入了最终的刻盘阶段，输入合适的【光盘卷标】或者保持空缺，再确认其他的设置后，就可以正式烧录光盘了(如图10-33所示)。稍做等待后一盘亲手制作的电子相册就大功告成了，赶快拿到VCD/DVD机上向家人和朋友炫耀一下吧。

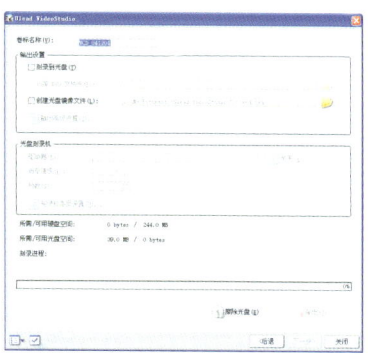

图10-33 烧录光盘